生态环境保护基金与京津冀环境质量改善

程翠云　著

中国环境出版集团·北京

图书在版编目（CIP）数据

生态环境保护基金与京津冀环境质量改善/程翠云著. —北京：中国环境出版集团，2019.12
ISBN 978-7-5111-4108-8

Ⅰ. ①生… Ⅱ. ①程… Ⅲ. ①生态环境保护—基金—影响—环境质量—研究—华北地区 Ⅳ. ①X821.220.9

中国版本图书馆 CIP 数据核字（2019）第 219844 号

出 版 人 武德凯
责任编辑 陈雪云
责任校对 任 丽
封面设计 岳 帅

更多信息，请关注
中国环境出版集团
第一分社

出版发行 中国环境出版集团
（100062 北京市东城区广渠门内大街 16 号）
网 址：http://www.cesp.com.cn
电子邮箱：bjgl@cesp.com.cn
联系电话：010-67112765（编辑管理部）
010-67112735（第一分社）
发行热线：010-67125803，010-67113405（传真）

印 刷 北京中科印刷有限公司
经 销 各地新华书店
版 次 2019 年 12 月第 1 版
印 次 2019 年 12 月第 1 次印刷
开 本 787×1092 1/16
印 张 7.5
字 数 150 千字
定 价 52.00 元

前　言

建立稳定的资金投入保障机制是保护好生态环境的重要手段。在稳定、硬性的传统环保投资渠道萎缩、失效的情况下，亟须拓展新型投资渠道。2015年12月，国家发展和改革委员会、环境保护部联合印发《京津冀协同发展生态环境保护规划》，明确提出“设立京津冀地区生态环境保护基金”。2016年8月，中国人民银行等七部委联合印发《关于构建绿色金融体系的指导意见》，提出“支持设立各类绿色发展基金，实行市场化运作”。同年12月，国务院印发《“十三五”生态环境保护规划》，提出“支持设立市场化运作的各类绿色发展基金”。为此，抓住国家推动各类生态环保基金发展的重大机遇，积极设立京津冀生态环保基金，对京津冀加强生态环境综合治理、加快补齐生态环境“短板”具有重大意义。

本书基于京津冀地区生态环境治理对生态环保基金的需求，从生态环保基金的国内外实践着手，对京津冀生态环保基金设立的基本定位、总体思路、基金规模、资金使用、运行管理等相关设计进行了探讨，最后提出设立基金的政策建议。全书主要研究结论概述如下。

一、迫切需求：京津冀地区生态文明建设、实施绿色发展的最大“短板”是生态环境问题。但是，现有环保专项资金采用“头痛医头，脚痛医脚”的应急式投入，资金投入缺乏均衡性和稳定性，且不能有效引导和撬动社会资本投入，难以满足不断增长的生态环保需求。国内外经验表明，设立带有政策性的生态环保基金是推进生态环保的一种有效模式，不仅可以发挥政府资金杠杆作用、吸引社会资本投入，还可以在一定程度上缓解政府财力不足、生态环保融资难等问题。对于京津冀地区来说，设立区域生态环保基金，既可以解决生态环保资金投入问题，又体现出区域间互动互助、携手并进的精神，还可以通过基金的投入，分享环保产业发展带来的新成果。

二、内外可行：外部环境和设立条件的分析结果表明京津冀地区设立生态环保基金具有一定的可行性。从外部环境来看，我国相关政策文件已开始将设立基金作为财政支出政策的重要创新形式；生态环保领域积累了大量的可投资资金；一些发达国家通过建立环保基金盘活环保投融资机制，调动财政资源、社会资本和市场的积极性，提高环保财政资金的绩效，已是一种较为普遍的做法，可为京津冀生态环保基金提供经验。从发起设立的资源条件来看，京津冀地区着力扩大生态空间、加强生态环境保护合作、提高区域可持续发展能力的共识基本形成，基金资金募集渠道较多，潜在支持的生态环保项目资源丰富。

三、定位与思路：基金定位是以政府财政资金为引导，撬动社会资本投入，实现社会资本与环境保护需求的有效融合，破解环保产业融资"瓶颈"，拓展环保企业发展空间。基金资助重点为京津冀三地相关规划项目、区域环境介质治理重点、清洁能源与循环经济等。由国家和京、津、冀三地发起设立京津冀生态环保母基金，通过投资到多个由生态环保项目包发起的生态环保子基金，对生态保护和环境治理项目进行投资估算、私募资金、运行管理、风险管控、收益分配、基金退出等全过程管理。

四、规模与来源：基金总规模设定为 2 500 亿元，资金由政府引导资金和社会资本构成。其中，国家、北京市、天津市和河北省作为"1+3"政府财政资金的出资人进行投资，需注入资金 312.5 亿元，一般以无息方式定期注入。其余由社会出资人以劣后方式介入出资，在承担较高投资风险的同时获得较大的投资收益。此外，基金以放贷利息、担保费以及其他盈利性投资收益等方式获得的增值收益也可作为基金资金的一项来源。

五、支持重点与使用形式：基金资金按照一定原则重点投向大气污染治理、环保产业发展和环保技术改进类项目等，并对河北省相关生态环保项目给予倾斜。灵活采用贷款、融资担保、股权投资、补贴或奖励、赠款等多种资金使用方式资助有关项目。为保证基金的整体收益，应确保资金在不同项目类型的分布比例，即纯公益类项目占比不超过 10%，盈利类项目占比高于 50%，准公益类项目占比保持在 30%～40%。

六、管理与运行：基金资金利益相关者涉及政府、银行、担保公司、基金管理公司、治污企业等，具体由基金管理公司进行资金筹集、资本运作、风险控制等方面的专业化管理，相关政府职能部门承担基金监督职责，环保技术专家、学者以及其他专业管理人员提供咨询评估支撑，由托管银行对资金进行具体的监督和管理。

七、实施推进保障：京津冀生态环保基金的设立既需要法律、资金、制度和技术等多方面的保障，也需要政府、智库、企业和公众等多主体共同参与，还应从抓住京津冀协同发展的有利时机强化多部门协调机制、加强法律体系建设、加大政府财政资金整合使用力度、鼓励社会各方加大环境保护投入、完善专业管理制度、开展先行先试等方面实施推进保障。

对于京津冀地区来说，通过设立区域生态环保基金，既可以解决生态环保资金投入问题，又可以分享环保产业发展带来的新成果。本书的撰写是从生态环保基金的角度，寻找推动京津冀地区打好污染防治攻坚战、改善生态环境质量的绿色金融手段。全书由葛察忠研究员、程翠云博士提出框架和撰写方案，并指导完成各章节撰写，然后讨论、完善并最终定稿。第 1 章、第 2 章、第 3 章、第 5 章、第 6 章，由程翠云负责；第 4 章，由程翠云、翁智雄负责；第 7 章，由段赟婷负责；第 8 章、第 9 章，由邬波负责。在本书撰写过程中，得到了能源基金会（美国）北京办事处的大力支持，同时参考引用了大量的国内外研究成果和文献资料，在此一并表示感谢！

作 者

2019 年 1 月

目　录

1 基本概念

京津冀地区土地面积约占全国的2%，人口占全国的7.98%，地区生产总值占全国的10.9%。京津冀协同发展，是实现京津冀优势互补、促进环渤海经济区发展的需要，是探索生态文明建设的有效路径，是促进人口、经济、资源、环境相协调的需要。党中央、国务院高度重视京津冀协同发展工作。2014年2月，习近平总书记专题听取京津冀协同发展工作汇报，强调实现京津冀协同发展是重大国家战略；2014年3月，这一战略首次被写入国务院《政府工作报告》，这对于京津冀以及国家改革开放和现代化建设都具有里程碑意义。目前，交通一体化、生态环境保护、产业协同发展是京津冀协同发展的三大重点领域。尤其是在京津冀生态环境问题已经一体恶化且长时间持续的前提下，改善区域生态环境质量就成为京津冀协同发展最突出的问题。因此，以生态环境保护协同为突破口，实现污染治理能力和治理水平的共同提升应当成为京津冀协同发展的重中之重和首要选择。京津冀协同发展生态环境保护需要探索设立生态环保基金，建立一体化资金支持，使财政政策的财力支持作用和金融政策的资金保障作用协同配合，突破生态环保资金“瓶颈”，实现经济和环境目标“双赢”。

1.1 生态环保基金定义

1.1.1 基金定义

关于基金的定义，有多种阐释，如《辞海》对“基金”的解释为：“通过国民收入的分配与再分配形成的具有特定用途的资金”；在《现代汉语词典》中的定义是：“为兴办、维持或发展某种事业而储备的资金或专门拨款。基金必须用于指定的用途，并单独进行核算。”在英语中，“基金”可以表达为“fund”和“foundation”。“fund”的含义包括：第一，是为了获取稳定的利息收益而进行的投资，如购买公债、股票或其他有价证券，提供或与他人分享一项能带来收益的资产或永久收益；第二，比“货币”这个特定词语的含义更广泛，是使用更普遍的一个词，指一笔资金或其他流动资产，这笔资金或资产用于实现某一特定目标，例如偿还某项债务或实现某种权利主张。“foundation”的含义为：第一，是在捐款的基础上建立或维持的永久基金，建立基金的目的是从事慈善事业、发展教育等；第二，是为大中小学及慈善团体提供财政援助的机构或组织，这种机构或组织的经费来自捐赠。由此可知，基金具有广义和狭义之分，广义上的基金，包括日常生活中的信托投资基金、退休基金、保险基金等；狭义上的基金，是具有特定用途和使用目的的资金。

根据资金性质，基金大体上分为政府型基金、投资型基金和社会公益型基金三种。其中，政府型基金是指各级人民政府及其所属部门根据法律、国家行政法规和党中央、国务院有关文件的规定，为支持某项事业发展，按照国家规定程序批准，向公民、法人和其他组织征收的具有专项用途的资金，包括各种基金、资金、附加和专项收费；投资型基金是指代理投资机构把众多的、不特定的投资者的资金集中起来，组成共同的财产进行投资，包括股票基金、债券基金、货币市场基金、期货基金等；社会公益型基金是指利用自然人、法人或者其他组织捐赠的以支持公益事业的资金，由按照《基金会管理条例》规定成立的非营利性机构——基金会，进行基金管理。

1.1.2 生态环保基金定义及分类

所谓生态环保基金，是指为了生态建设与环境保护而建立的基金。根据基金定义，生态环保基金应该属于狭义上的基金。同样，按照资金性质，生态环保基金也包括政府型生态环保基金、投资型生态环保基金以及社会公益型生态环保基金。

（1）政府型生态环保基金

政府型生态环保基金是指主要由政府出资，通过纯行政管理性的机构或独立性带有营利性质的组织进行管理，以生态环境保护为主要目标的专门资金。政府型生态环保基金的资金筹集依据“污染者付费”原则，主要源于税收或收费，较为稳定，使用方式与财政环保专项资金类似，体现专项用途。政府型生态环保基金能与现行政策很好地衔接，操作简便。美国超级基金和中国台湾地区土壤及地下水污染整治基金就是典型的政府专项基金，主要解决“棕色地块”修复治理、土壤及地下水污染防治等领域的资金来源问题，不关注对社会资本的拉动作用，基本上不涉及融资问题。

（2）投资型生态环保基金

投资型生态环保基金是先组建一个投资机构，通过该机构发行受益凭证或入股凭证的方式，将社会上的闲散资金集中起来进行经营，投资者按投资比例分享增值收益的基金，其投资带有强烈的盈利特征，是一种商业化运作的投融资模式，如铁汉申万政社投资基金。该基金由深圳市铁汉生态环境股份有限公司与其全资子公司深圳市铁汉生态资产管理有限公司、申万宏源证券有限公司下属上海申银万国泓鼎股权投资管理有限公司签署合伙协议，共同发起设立，用于铁汉生态参与政府和社会资本合作（PPP）项目而设立的SPV公司的股权及债权投资，母基金将作为劣后级资金方与优先级资金方申万宏源共同设立PPP产业子基金，并以联合体的方式参与公司拟投标项目的工作开展及已中标项目的投资。

（3）社会公益型生态环保基金

社会公益型生态环保基金的资金以国内外机构、组织及公众的赠款为主，具有资金来源不稳定的特点，主要支持的是纯社会公益性事业，不涉及融资问题。中华环保基金就属于典型的社会公益型生态环保基金，其资金来源于国内外企事业单位、社会团体、其他组织及个人为环境保护自愿捐赠的款项以及基金保值、增值运作和投资活动带来的收益；资金主要用于资助和开展环境保护能力建设，如环境管理、宣传教育、学术交流、培训活动、科学研究、科技开发和示范项目、国际交流与合作等。

在上述三种生态环保基金的基础上，加以一定的集成，就可以衍生出一种综合基金，这里称为混合型生态环保基金。因为有政府资金和政府代表参与基金管理，基金的运行目标就必须要综合政府的生态环境公共服务需求和社会资本的盈利需求，不能完全以追逐利润为目标。该类型基金，在资金注入上是以政府资金为引导，充分发挥市场在资金筹集和使用中的作用，撬动社会资本生态环保投入，主要解决融资问题，可以调动市场生态环保投入的积极性、突破企业融资“瓶颈”、缓解政府财力不足，提高生态环保投资效率；在项目管理上是将管理责任权平移给更为专业的银行或其他经济主体，可以在一定程度上减轻政府的项目监督管理压力，提高项目管理水平。美国清洁水州周转基金就是典型的混合型生态环保基金。它把财政资金稳定注入作为主要资金来源，把利息收入和投资性收益作为补充来源，通过低息或无息贷款方式为公有污水处理厂的建设和维护、非点源污染控制、河口管理等合格项目提供援助，主要解决企业融资“瓶颈”问题，对撬动社会资本生态环保投入起到重要作用。本书主要探讨的也是这种政府主导的混合型生态环保基金。

生态环保基金类型分析比较见表1-1。

表 1-1 生态环保基金类型分析比较

基金类型	基本特征	资金来源特征	所处地位	适合项目特征	适合项目类型	典型案例
政府型生态环保基金	以税收或收费为主要手段来提供稳定的资金来源，不涉及融资问题	通过行政手段筹集资金，具有强制性质	主导地位	适合历史遗留环境问题、公共空间环境整治等项目	土壤污染修复、地下水污染治理、饮用水水源地保护等项目	美国超级基金、中国台湾地区土壤及地下水污染整治基金
投资型生态环保基金	将社会上的闲散资金集中起来进行经营，投资者按投资比例分享增值收益	通过市场化手段筹集资金，具有自愿性质	主导地位	适合“使用者付费”为基础的项目	投资收益回报率较高的项目	铁汉申万政社投资基金
社会公益型生态环保基金	以接受赠款为主要手段来提供非稳定的资金来源，不涉及融资问题	凭借个人捐赠意愿筹集资金，具有自愿性质	有益补充	适合资金需求量小，本应由政府出资支持，但社会资金愿意捐赠的领域	宣传教育、培训、交流等能力建设项目	中华环保基金
混合型生态环保基金	主要解决融资问题，对撬动社会资本生态环保投入起到重要作用	通过市场手段筹集资金，具有激励性质	主导地位	适合以“污染者付费”和“使用者付费”为基础的项目	企业污染治理、清洁能源使用、工业园区污染治理、生活污水和垃圾处置等项目	美国清洁水州周转基金

1.2 生态环保基金内涵

我国当前环境保护形势严峻，各类环境问题短期内集中爆发。为加快改善生态环境质量，保障国家环境安全，维护生态系统健康，我国政府积极谋划，实施大气污染防治行动计划、水污染防治行动计划和土壤污染防治行动计划，全面部署、打好污染防治攻坚战。对于各类专项行动计划顺利和有效实施的资金需求而言，我国生态环保资金供需总体缺口大，社会融资存在“瓶颈”，在积极稳定传统财政环保支出规模的同时，需要动员和激励更多社会资本投入生态环保领域，并更有效地抑制污染性投资。

生态环保基金与绿色信贷、绿色债券、绿色股票市场、绿色保险等都是构成绿色金融体系的重要组成部分。生态环保基金可以运用多种金融手段最大限度地聚合政府、机构及私人资金，以满足雾霾治理、水环境治理、土壤治理、污染防治、资源利用效率提高与循环利用、生态建设与修复及气候适应等领域资金的持续供给，在绿色金融体系中资金来源最广泛，具有举足轻重的作用。

生态环保基金的内涵可以概括为以下几点。

（1）从资金来源来说，生态环保基金是一个融资平台

设立生态环保基金就是设立了一个“资金池”，通过采取债权、股权、排污权质押等方式可以撬动社会资本投入生态环保领域，以解决各类大中型、中长期、战略型、示范性生态环保项目融资难的问题，是拓展新型生态环保融资渠道的一个重要手段。

（2）从资金使用来说，生态环保基金保障资金供给的持续性

设立生态环保基金可以保障资金的持续供给。这是因为基金为了落实某个生态环境保护任务、实现生态环境保护目标而选择支持生态环保项目时，通常是着眼于项目建设的全生命周期投资。也就是说，在项目开始建设之前基金就已经进行了充分的论证和规划，可以更好地统筹利用项目建设所需资金与技术等资源。

（3）从资金用途来说，生态环保基金专门用于环境保护和生态建设

设立生态环保基金的主要目的是提高全社会环保投资水平，可以有效支持生态建设工程和环境污染治理设施建设与运行维护，也带动环保产业发展，做大做强一批环保企业，为环保企业营造良好的发展环境。

当前，在推动生态环保投资和经济绿色转型中，由于不同领域的绿色发展具有各自的环境经济特性，应借助不同的绿色金融工具进行投融资。生态环保基金中的政府引导型基金与财政贴息、政府担保和绿色信贷都直接或间接地使用了政府财政资金，但又具有差异性，主要表现如下：

①财政贴息是政府提供的一种较为隐蔽的补贴形式，即政府代企业支付部分或全部贷款利息，其实质是向企业成本价格提供补贴。财政贴息具有杠杆作用，可以很好地放大财政资金。但是，在财政贴息实施过程中，由于政府部门没有具备充足的人力和专业知识，导致潜在支持的生态环保项目难以被识别。

②政府担保是指财政机关对经国务院批准使用的外国政府或国际经济组织的贷款进行转贷时，为转贷款使用者提供的，以财政信用确保其债务的清偿或其他义务履行的一种经济行为，是保证债权实现的一种法律手段。财政担保的主体一般包括财政机关和贷款使用人（一般为企业）。政府担保有明确的适用范围，因为《中华人民共和国担保法》第八条规定“国家机关不得为保证人，但经国务院批准为使用外国政府或者国际经济组织贷款进行转贷的除外”，因此应严格注意财政担保的范围限制。

③绿色信贷是利用信贷手段促进节能减排的一系列政策、制度安排及实践，适用于责任主体明确的工业污染治理、绿色产品生产、先进技术或工程实践的研发与市场化等领域。在中国人民银行、财政部等七部委发布的《关于构建绿色金融体系的指导意见》中指出，可以通过再贷款、专业化担保机制、财政贴息等方式来支持绿色信贷。其中，再贷款是中央银行向金融机构提供较低成本的资金来支持绿色信贷和绿色投资，是在风险可控的前提下对绿色金融发展的支持。专业化担保机制可以通过财政资金担保杠杆扩大信贷投入规模，降低绿色项目的风险溢价，可以作为撬动社会资本投入的重要措施之一，这是因为银行往往对绿色项目的专业评估能力不足，会认为许多绿色项目的风险很大，但是专业化绿色担保机构可能会发现这些绿色项目的风险实际上远小于银行的估计，对这些项目提供担保，就可以保证在不良率可控的情况下，明显降低绿色贷款的融资成本。在绿色信贷中利用财政贴息，可以发挥银行的管理优势，更好地使用财政贴息工具以降低企业所支付的绿色信贷的融资成本。

④生态环保基金中的政府型引导基金以低息贷款、融资担保、盈利性投资等方式支持生态环保活动，拥有专业的项目管理机构，在项目识别、项目审核、项目建设过程管理等环节具备优势，可以更好地提高环保投资效率。

综上所述，财政贴息和政府担保执行效率有限，但是在绿色信贷、生态环保基金等绿色金融工具中可以加以利用，以更好地发挥财政资金杠杆作用来撬动社会资金支持绿色发展。

2 设立京津冀生态环保基金的必要性分析

国内外经验表明，设立带有政策性的生态环保基金是推进生态环境保护的一种有效模式，不仅可以发挥政府资金的杠杆作用、吸引社会资本投入，还可以在一定程度上缓解政府财力不足、生态环保融资难等问题。对于京津冀地区来说，设立区域生态环保基金，既可以解决生态环保资金投入问题，又可以体现出区域间互动互助、携手并进的精神，还可以通过基金的投入，分享环保产业发展带来的新成果。

2.1 解决京津冀纷繁复杂的生态环保问题的需要

2.1.1 京津冀地区经济发展差距较大

（1）京津冀地区 GDP 呈逐年上升趋势

2015 年京津冀地区 GDP 为 69 358.89 亿元，是 2001 年的 6 倍。从京、津、冀三地经济总量来看，河北省最高，其次是北京市，天津市最少。从京津冀地区经济结构来看，河北省 2015 年经济总量占京津冀地区经济总量的 42.97%，北京市占 33.18%，天津市占 23.85%。但从近 15 年京、津、冀三地经济占比变化来看，河北省在京津冀地区的经济总量占比在 2001 年为 49.51%，2008 年下降到 47.31%，2015 年下降到 42.97%，下降了近 7 个百分点。北京市的经济总量占比在 2001 年为 33.27%，到 2015 年占比几乎不变。天津市的经济总量占比则从 2001 年的 17.22%提升到 2015 年的 23.85%，提升了近 7 个百分点。说明京津冀地区的经济结构正在发生变化（图 2-1）。

（2）河北省的经济社会发展水平与京津存在“断崖式”差距

河北省是京津冀协同发展明显的“短板”。2015 年北京市和天津市人均 GDP 分别为 106 497 元和 107 960 元，均超过 1.7 万美元，根据世界银行的标准，均已达到富裕国家水平。而作为京津腹地的河北省，2015 年的人均 GDP 为 40 255 元，甚至不及全国平均的 49 992 元，仅为北京市的 37.8%和天津市的 37.3%。除沧州市外，河北省其他地区的人均 GDP 在 9.6 万元以下，与发达的京津相比，河北省经济腹地的发展明显落后，形成了发达的京津与环京津的贫穷带两极分化的非均衡发展态势（图 2-2）。从人均可支配收入来看，2015 年河北省居民人均可支配收入仅为京津两地的 37%和 58%，远落后于京津两地，尤其是北京市与河北省交界地区，差距更为明显（图 2-3）。

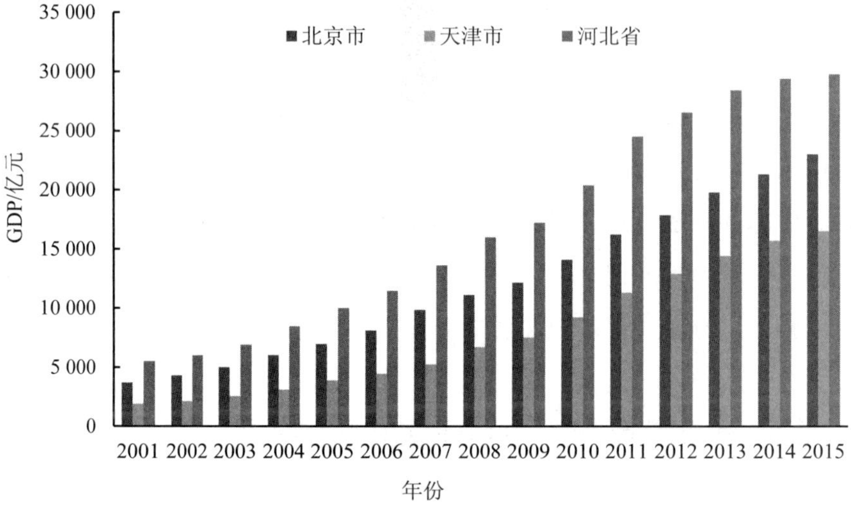

图 2-1 2001—2015 年京津冀地区国内生产总值情况

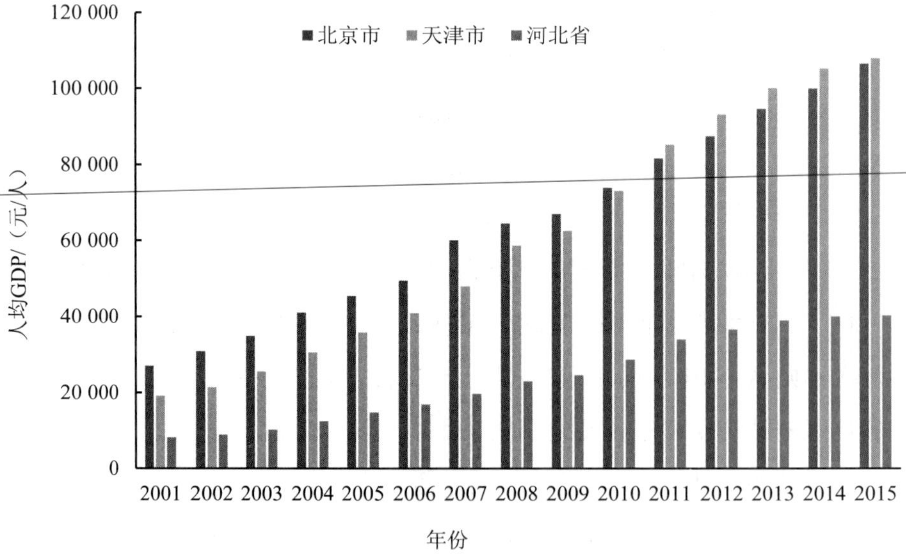

图 2-2 2001—2015 年京津冀地区人均国内生产总值情况

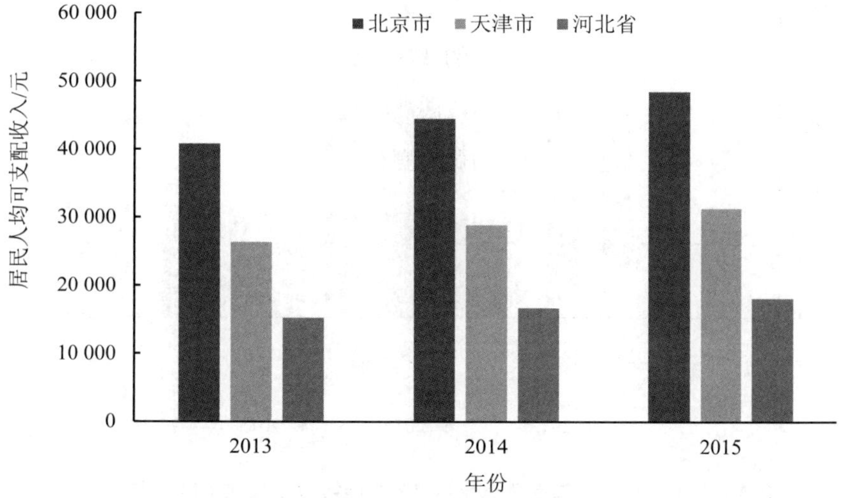

图 2-3　2013—2015 年京津冀地区居民人均可支配收入情况[①]

2.1.2　京津冀地区环境污染形势严峻

（1）京津冀地区是我国大气污染防治的重心

京津冀地区大气环境治理的“红灯”已全面亮起，尤其是 $PM_{2.5}$ 污染已成为当地人民群众的“心肺之患”，$PM_{2.5}$ 是京津冀地区的首要污染物。2015 年，京津冀及其周边地区地级以上城市共发生 1 710 天次重度及以上污染，占全国的 44.1%。京津冀地区地级以上城市达标天数比例平均为 52.4%，比长三角、珠三角地区平均水平低 19.7%、36.8%，共发布重污染天气预警 154 次。按照《环境空气质量标准》（GB 3095—2012）评价，除张家口以外，京津冀其余的 12 个城市 $PM_{2.5}$ 年均浓度未达标（图 2-4）。据环境保护部 2013—2016 年空气重污染城市排名，污染最严重的 10 个城市中有京津冀地区的石家庄、邢台、邯郸、唐山、保定、衡水和廊坊 7 个城市，其代表性产业都是重化工、钢铁、煤化工、建材、水泥、玻璃陶瓷等高能耗产业，从 7 个城市平均 AQI 来看，污染最严重的时间出现在 12 月和 1 月，其次是 2 月和 11 月（图 2-5）；$PM_{2.5}$ 年均浓度达 77 μg/m^3 左右，是已开展 $PM_{2.5}$ 监测的 74 个城市年平均浓度的 1.4 倍，远高于珠三角地区的 34 μg/m^3 和长三角地区的 53 μg/m^3。

① 根据国家统计局的说明，从 2013 年起，国家统计局开展了城乡一体化住户收支与生活状况调查，2013 年及以后数据均来源于此调查。2013 年以前调查范围、调查方法、指标口径有所不同。

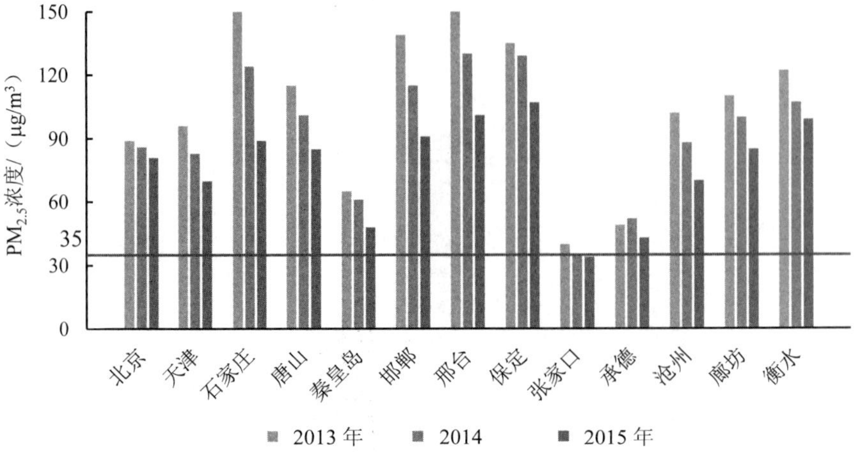

图 2-4　2013—2015 年京津冀地区 13 个地级以上城市 $PM_{2.5}$ 年均浓度

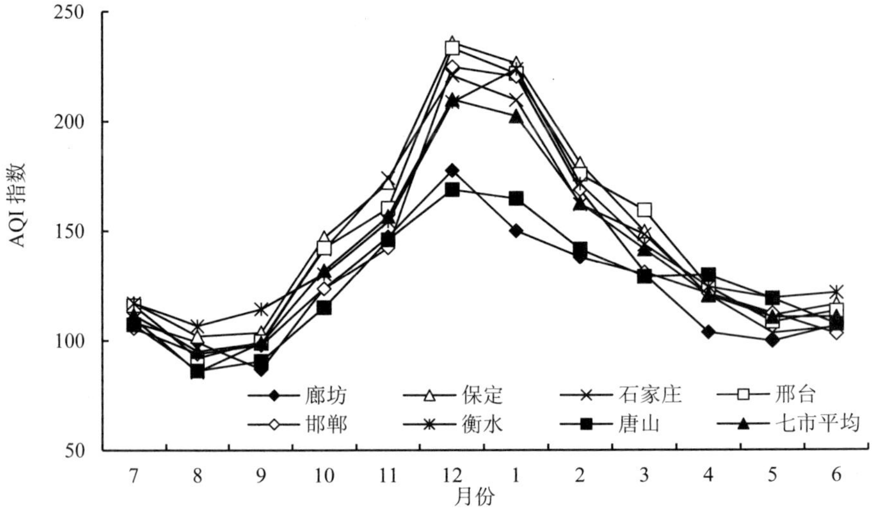

图 2-5　2013—2016 年严重污染 7 个城市的 AQI 月变化

（2）大气污染排放负荷巨大

2015 年，京津冀地区二氧化硫、氮氧化物和烟（粉）尘排放量分别为 136.55 万 t、173.52 万 t 和 172.44 万 t，对全国排放总量的贡献率分别为 7.34%、9.37%和 11.22%；单位面积排放强度分别为 6.33 t/km^2、8.04 t/km^2 和 8.00 t/km^2，是全国平均水平的 3.3 倍、4.2 倍和 5.0 倍。从京、津、冀三地来看，三省（市）单位面积各项污染物排放强度均高于全国平均水平。其中，天津市单位面积的二氧化硫和氮氧化物排放强度居京津冀地区首位，分别是全国水平的 8.5 倍和 11.3 倍；在烟（粉）尘排放强度方面，天津市和河北省排放强度相当，是全国水平数倍（图 2-6）。

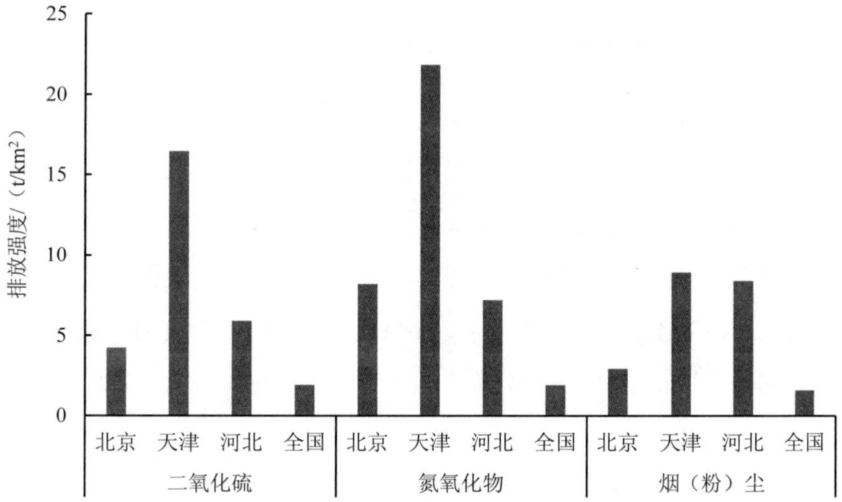

图 2-6 京津冀地区和全国的单位面积污染物排放强度比较

（3）水污染问题突出

京津冀地区重要江河湖泊水功能区达标率仅为 47%[①]，永定河、滦河、大清河等部分河段水质呈Ⅴ～劣Ⅴ类，跨界水体及入海河流污染严重，“华北明珠”——白洋淀水质未达Ⅲ类标准，潘家口、大黑汀、洋河等水库富营养化问题严重。受地表污水下渗和农业面源污染影响，区域浅层地下水遭受不同程度的污染。其中，天津市“三氮”污染、河北省重金属污染、北京市有机污染问题较为突出。渤海湾水质差，劣Ⅳ类海水占 33%。近岸海域沉积物中持久性有机污染物和重金属长期累积，个别监测点位污染物含量劣于第三类海洋沉积物质量标准。

（4）区域土壤污染等生态环境损害事件频发

近年来，京津冀地区场地土壤和地下水污染事件频发，出现“衡水北方农药化工有限公司农田排污和地下水污染事件”“北京宋家庄农药厂污染”“河北沧县小朱庄污染”“河北霸州梅花味精生产基地污染”“中新天津生态城污染”等环境事件，2017 年在河北省、天津市等地又发现 17 万km^2超大规模的工业污水渗坑，严重危害生态环境安全。截至 2016 年 12 月，河北省污染场地数量最多，占京津冀地区污染场地项目的 53%，而北京市和天津市基本持平，分别占 21%和 26%。此外，水土流失、土地沙化、沙尘暴与环境污染和生

① 京津冀划定未来 5 年空气和水质底线，http：//bj.people.com.cn/n2/2015/1231/c233354-27437473.html。

态退化等并存。

2.1.3 京津冀地区空气质量改善需要协调治理

各自为政不可能根本解决区域大气污染问题。多年来，京、津、冀三地政府虽然也积极采取了一系列防治措施，但效果不佳的直接原因也是最关键的原因之一，就是没有按照京津冀一体化的整体战略开展防治，多是从各地自身的角度出发，实施“各自为战”的行动方案。然而，大气污染具有区域性，如 $PM_{2.5}$ 就属于典型的区域性大气污染物，区域传输特征明显。从北京市 $PM_{2.5}$ 来源解析来看，区域污染输送年均对 $PM_{2.5}$ 影响占 28%～36%（图 2-7）。仅靠某一个城市或一个区域的“单打独斗”无法从根本上解决京津冀地区大气污染问题。

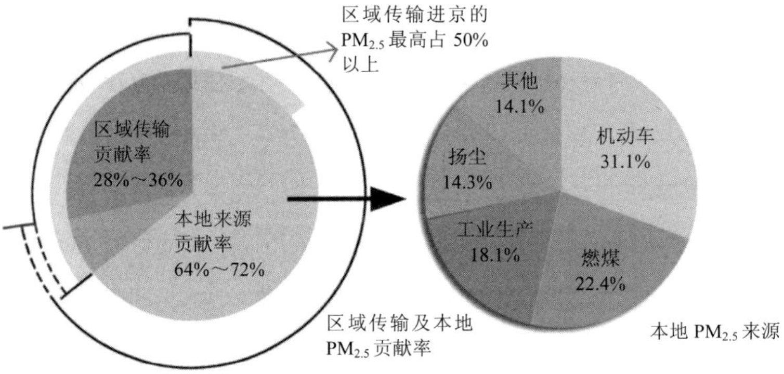

图 2-7 北京市 $PM_{2.5}$ 来源解析

资料来源：北京市环保局。

“APEC 蓝”验证京津冀协同治理的有效性。2014 年 11 月 5 日至 11 日，亚太经济合作组织（APEC）会议在北京市召开。11 月，北京市处于秋冬转换季节，风速小、降水少、静稳逆温天气频发，不利于污染物扩散。为保障会议期间北京的空气质量，北京、天津、河北、山西、内蒙古、山东等省（区、市）采取了不同程度的减排措施。根据《APEC 空气质量保障措施效果评估》的结果，北京市 $PM_{2.5}$ 平均浓度为 43 $\mu g/m^3$，如果北京市和周边地区不共同采取会期保障措施，则会期 $PM_{2.5}$ 浓度预计将会达到 69.5 $\mu g/m^3$，比实际浓度增长 61.6%。APEC 会议期间，北京市空气质量优良，仅 1 天为轻度污染，实现了“APEC 蓝”。“APEC 蓝”的实现是京津冀协同治理的成果，因此不仅北京市有重大活动时需要天津市、河北省的参与，天津市、河北省有重大活动时北京市也应协同发展，京津冀协同发展应不分彼此，深度参与，共同担当。

2.1.4 京津冀生态环保基金是实现区域环境公平的需要

（1）区域改善环境质量的难点和重点均在河北省

京津冀及周边地区是全国治理大气污染任务最重的区域，河北省又是京、津、冀三地治理任务最重的省份。河北省是工业大省，2015 年第二产业增加值比重为 48.3%，拥有大量钢铁、水泥等高耗能、高排放的重工业企业，水泥产量 9 126.17 万 t，钢材产量 2.52 亿 t，煤炭消费 2.54 亿 t 标准煤。第二产业中，以钢铁、石化、建材为代表的高能耗、资源型产业比重较大。以钢铁行业为例，钢铁行业是河北省第一大支柱产业，全省钢铁年产能约占全国的 1/4，钢铁行业增加值占全省规模以上工业的比重超过 1/4，钢铁产量超过 2 亿 t，这种过度集中的落后产能布局，导致资源环境压力增大，影响区域环境质量。产业结构偏重是河北省产业结构的特点。完成落后产能总体削减任务后，大量就业人员需要安置，影响直接和间接税收数额巨大。初步测算，河北省仅完成 6 000 万 t 钢铁的压减任务，直接资产损失 1 800 亿元，60 多万名直接和间接就业人员需要妥善安置，每年需支付社保养老金近 200 亿元，影响直接和间接税收 557 亿元。

（2）河北省修复任务紧迫，矛盾制约因素多

河北省生态环境质量兑现“三年有好转、五年大改善”的承诺，时间紧、任务重（表 2-1）。按照《京津冀协同发展生态环境保护规划》谋划的河北省重点生态修复工程项目，初步匡算需投资万亿元以上，仅靠河北省财力远远不够。

表 2-1 2011—2015 年河北省落后产能淘汰汇总情况

年份	水泥/万 t	钢铁/万 t	玻璃/万箱	焦炭/万 t	造纸/万 t	制革/万张	印染/万 m	铅蓄电池/（万 kVA·h）
2011—2013	13 113	7 079	7 039	623	455	585	51 855	949
2014	3 918	3 047	2 533	190	62	14.3	18 173	56
2015	620	300	443	270	—	—	—	—

（3）削减河北省污染物的治污成本最小、成效最大

从成本—效益分析情况来看，随着北京市治污减排措施治理深度的延伸，减排空间日益收窄，边际治理成本不断提高。研究发现，北京市降低臭氧污染的治理成本是周边地区的 4 倍[①]；从 $PM_{2.5}$ 来看，在河北省增设脱硫设施就可以直接减少排放，每年减少 1 t $PM_{2.5}$

① 刘晓星. 京津冀破解“与邻为壑”[N]. 中国环境报，2015-05-15（8）。

的成本仅 800～1 200 元（根据设备折旧计算），而如果在北京市靠直接补贴发展天然气发电，每吨 $PM_{2.5}$ 的减排成本是河北省的 5～10 倍。目前，北京市治污标准在全国是最严格的，在此基础上减排投入很大，效果却有限。

2.2 突破京津冀生态环保资金供需“瓶颈”的需要

以大气污染防治领域为例，将中央拨付京津冀的治理资金和三地征收的排污费作为大气污染治理资金，借助对京津冀大气污染防治行动计划支出研究已取得的结果，对比分析 2013—2017 年区域投入资金和治理需求资金，突破京津冀的生态环保资金供需“瓶颈”。

2.2.1 京津冀大气污染治理资金投入分析

（1）大气污染防治专项资金拨付情况

2013—2015 年，中央大气污染防治专项资金实际拨付给京津冀地区的额度为 179.3 亿元。其中，北京市 34.5 亿元、天津市 41.6 亿元、河北省 103.2 亿元（表 2-2）。可以看出，中央专项资金拨付额度基本呈逐年增加的趋势。为了对应《大气污染防治行动计划》，笔者利用简单的假设增长率得出 2016—2017 年大气污染防治专项资金额度。即假设 2016 年和 2017 年大气污染防治专项资金拨付金额自 2015 年起按每年 20%增长，截至 2017 年，京津冀地区可能获得的大气污染防治专项资金为 367.6 亿元。

表 2-2 国家大气污染防治专项资金拨付京津冀地区情况 单位：亿元

地区	实际金额			匡算资金		总计
	2013 年	2014 年	2015 年	2016 年	2017 年	
北京市	7.20	13.00	14.30	17.2	20.6	72.3
天津市	6.60	15.00	20.00	24	28.8	94.4
河北省	26.20	40.00	37.00	44.4	53.3	200.9
总计	40	68	71.3	85.6	102.7	367.6

（2）排污费征收及使用情况

根据《中国环境统计年鉴》，2013—2015 年京津冀地区的排污费收入总额为 65.67 亿元。其中，京、津、冀三地的排污费收入分别为 5.47 亿元、11.9 亿元和 48.3 亿元。

从排污费征收年际变化来看，2014 年京、津、冀三地的排污费总收入较 2013 年有所增加，其中，北京市和天津市排污费增加幅度较大，这是因为自 2014 年起各地积极落实国家政策，提高排污费征收标准，即北京市自 2014 年 1 月 1 日对四种主要污染物（二氧化硫、氮氧化物、化学需氧量、氨氮）的排污费征收标准分别由原来的 0.63 元/kg、0.63 元/kg、0.7 元/kg、0.875 元/kg 提高到 10 元/kg、10 元/kg、10 元/kg、12 元/kg，是原标准的 14～15 倍；天津市自 2014 年 7 月 1 日起将二氧化硫排污费由 1.26 元/kg 调整至 6.3 元/kg、氮氧化物由 0.63 元/kg 调整至 8.5 元/kg、化学需氧量由 0.7 元/kg 调整至 7.5 元/kg、氨氮由 0.875 元/kg 调整至 9.5 元/kg，并实行差别化排污收费。但是，河北省排污费征收金额有所下降，主要是由于河北省排污费征收标准没有变化，且受 2014 年北京 APEC 会议、总量减排任务等影响，河北省实行停产、限产、工艺升级等措施，导致排污量减少。2014—2015 年，京津冀地区排污费征收金额均有所增长但整体变动不大，据此假设排污费征收金额自 2015 年起按每年 10%增长，截至 2017 年，京津冀地区排污费收入金额共计 122.2 亿元（表 2-3）。

表 2-3 京津冀地区排污费征收情况

单位：亿元

地区	实际金额			假设金额		总计
	2013 年	2014 年	2015 年	2016 年	2017 年	
北京市	0.5	2.47	2.5	2.75	3	11.22
天津市	2.5	3.6	5.8	6.38	7	25.28
河北省	17	15.1	16.2	17.8	19.6	85.7
总计	20	21.17	24.5	26.93	29.6	122.2

根据历年全国排污收费综合情况，废气（二氧化硫、氮氧化物）收入所占比例自 2011 年后基本维持在 80%以上。根据《排污费资金收缴使用管理办法》（财政部、国家环保总局令 第 17 号），排污费被列入环境保护专项资金进行管理，主要用于重点污染源防治，区域性污染防治，污染防治新技术、新工艺的开发、示范和应用，国务院规定的其他污染防治项目的拨款补助等。假设将排污收费的 50%、70%投入大气污染治理，则通过排污收费渠道可获取的大气污染防治资金分别为 61.1 亿元、85.5 亿元。

（3）京津冀地区大气污染防治财政资金投入汇总

根据专项资金和排污费投入情况分析，2013—2017 年京津冀大气污染防治财政资金可能投入额度为 428.7 亿～453.1 亿元（表 2-4）。

表 2-4 京津冀大气污染防治资金投入情况

	资金来源	合计/亿元
方案一	大气污染防治专项资金 367.6 亿元	428.7
	排污费（以 50%投入大气污染治理测算）61.1 亿元	
方案二	大气污染防治专项资金 367.6 亿元	453.1
	排污费（以 70%投入大气污染治理测算）85.5 亿元	

2.2.2 京津冀大气污染治理的实际需求

根据《中国大气污染防治行动计划实施的投融资需求及影响研究》，实施京津冀大气污染防治行动的投资需求共计 2 490.29 亿元。其中，投资需求最大的部分是工业企业污染治理，主要用于火电、钢铁、水泥、石化等重污染行业的脱硫、脱硝和除尘改造。

2.2.3 京津冀大气污染治理资金需求及投入对比

京津冀大气污染防治行动计划直接投资共计需要资金 2 490.29 亿元，但财政治理资金主要来源（大气污染防治专项资金和排污费资金）能够提供的投入仅为 453.1 亿元（以排污费金额的 70%投入大气污染治理测算），远无法满足污染治理的实际需求，存在巨大的资金缺口，需要设立生态环保基金予以弥补。一般来说，财政资金在环保项目中撬动社会资本的比例大概为 1∶4。也就是说，如果将财政资金 500 亿元作为引导资金，撬动社会资本则为 2 000 亿元，就能够满足现有治理的资金需求。

2.3 弥补现有专项资金缺陷的需要

现有环保专项资金采用“头痛医头，脚痛医脚”的应急式投入，资金投入缺乏均衡性和稳定性，且不能有效引导和吸引社会资本投入，难以满足不断增长的生态环保需求。

2.3.1 专项资金管理相关办法

（1）《中央大气污染防治专项资金管理办法》

2013 年国务院印发《大气污染防治行动计划》后，各地、各部门全面推进大气污染治理工作，并取得了积极成效。中央财政设立了大气污染防治专项资金，加大对大气污染治理工作的支持力度。2013 年、2014 年和 2015 年大气污染防治专项资金分别为 50 亿元、

98 亿元和 106 亿元。为了加强专项资金的使用管理，提高财政资金的使用效率，2013 年财政部、环境保护部联合下发了《中央大气污染防治专项资金管理办法》（财建〔2013〕897 号）；2015 年财政部发布《关于加强大气污染防治专项资金管理提高使用绩效的通知》；2016 年两部委又对《中央大气污染防治专项资金管理办法》进行了修订并发布《大气污染防治专项资金管理办法》（财建〔2016〕600 号，以下简称《中央管理办法》）。

《中央大气污染防治专项资金管理办法》以突出重点、注重实效、强化监管为专项资金的管理原则，规定专项资金采取先预拨、后清算的办法。有关省级财政部门接到专项资金后，在 30 日内分解下达本级有关部门、本行政区域县级以上各级财政部门或项目承担单位。项目结转资金和结余资金按照有关财政拨款结转和结余规定进行处理。专项资金使用情况的监督检查由财政部同环保部等部门共同完成，并定期组织开展专项资金绩效评价。根据有关省份颗粒物年均浓度下降率等情况，财政部同环保部对上年预拨各省份的资金进行清算，奖优罚劣，对未完成目标的省份扣减资金，对完成任务出色的省份给予奖励。分别对京津冀、京津冀周边、长三角细颗粒物浓度下降率排名第一的省份给予定额奖励，资金额度根据当年预算规模等确定。

（2）京津冀地区大气污染防治专项资金管理办法

①北京市大气污染防治专项资金管理办法。为切实贯彻落实 2013 年印发的《北京市 2013—2017 年清洁空气行动计划》（京政发〔2013〕27 号），持续改善首都大气环境质量，鼓励排污单位大力开展大气污染防治环保技术改造工程，2014 年 8 月，北京市财政局、环境保护局、经济和信息化委员会、发展和改革委员会共同研究制定了《北京市大气污染防治技术改造项目奖励资金管理办法》（以下简称《北京市管理办法》）。

《北京市管理办法》指出，北京市大气污染防治技术改造项目奖励资金优先支持北京市鼓励发展的战略性新兴产业的环保技术改造项目。单个项目总投资 3 000 万元以下的，由市级排污费专项资金、市级节能减排及环保专项资金安排以奖代补资金，并且根据环保技术改造项目环保效益不同，实行差别化的以奖代补资金支持比例。单个项目总投资 3 000 万元以上（含）的，纳入清洁生产中高费项目管理，由市政府固定资产投资给予补助，补助标准不超过项目总投资的 30%，单个项目支持资金最高不超过 2 000 万元。资金拨付渠道分为两种：对于申请环保技术改造以奖代补资金的项目，市财政局根据确定支持的项目清单和金额，将项目以奖代补资金预算下达至市环保局；对于申请市政府固定资产投资补助资金的项目，市发展改革委审定后根据项目进度预拨 70%的资金，剩余 30%在项目验收通过后拨付。对资金、项目的监督管理由市环保局、市财政局、市经济信息化委、市发展改革委按规定进行。

②天津市大气污染防治专项资金管理办法。为了用好用足大气污染防治专项资金，按照《中央大气污染防治专项资金管理办法》《财政部关于下达2015年度大气污染防治专项资金预算（第一批）的通知》的要求，天津市环保局与财政局研究制定了《天津市2015年中央大气污染防治专项资金使用方案》，并按照2015年第37次市长办公会的相关要求，2015年8月，天津市环保局、市财政局联合印发了《天津市2015年中央大气污染防治专项资金使用方案》。2016年6月，天津市环保局、市财政局在总结2015年资金使用情况、结合2016年清新空气行动方案重点工作任务的基础上，联合印发了《天津市2016年中央大气污染防治专项资金使用方案》（以下简称《天津市使用方案》），同时，根据天津市政府第51次市长办公会议审议，两局又制定了《天津市2016年中央大气污染防治专项资金项目管理指南》。2016年9月，按照天津市委、市政府全面推进清新空气行动年度重点任务工作的有关要求，天津市环保局组织制定了《天津市2016年大气污染防治“以奖代补”类项目补助管理办法》。

《天津市使用方案》规定，专项资金实行“以奖代补”和“以奖促治”两种方式。其中，以奖代补类的单个项目补助资金额不高于项目实际总投资，资金来源为中央及市级资金，实施项目竣工验收后按标准给予补助，即项目由各区县政府或市主管部门组织申报、审核、实施、验收，市环保局、市财政局依据相关区县或市主管部门验收审核结果，联合下达资金使用计划，由各区县政府或市主管部门向项目单位拨付补助资金。以奖促治类项目、企业治理项目，单个项目补助比例控制在项目核定总投资的40%以内，原则上不超过4 000万元；补助资金按照2∶1∶1的比例，由中央、市级、区财政分别负担。

③河北省大气污染防治专项资金管理办法。2013年河北省制定了《河北省大气污染防治专项资金使用管理暂行办法（试行）》（以下简称《河北省暂行办法》），规定了专项资金的分配采用项目和因素相结合的方式。有具体项目和补助标准的事项严格按照相关标准分配；其他资金按照因素分配。下拨各设区市的资金，由省大气污染防治工作领导小组中牵头负责该项工作的成员单位研究提出具体实施方案，并报请省政府审定。省本级项目由项目承担单位按相关规定对其实施方案组织专家论证，报省环境保护厅、省财政厅审定后按相关规定实施。

专项资金采取当年预拨、次年清算的方式下达。河北省财政厅、省环境保护厅根据预算安排和省政府审定后的分配方案预拨补助资金。河北省财政厅、省环境保护厅会同省大气污染防治工作领导小组有关成员单位按照国家和本省的要求做好资金清算工作。各设区市、县（市、区）政府对本辖区项目组织实施、资金使用管理承担责任。省级牵头单位负责牵头任务的组织协调、监督检查及验收，配合做好资金清算和审计工作。专项资金下达后，各设区市财政、环保部门在每季第一个月的5日前，联合向省财政厅、省环境保护厅报送项目进展及资金使用情况。

2.3.2 专项资金管理存在的问题

在中央、京津冀三地大气污染防治专项资金的支持下，京津冀地区建成了一大批大气污染治理重点项目，并取得了良好的政策效果，专项资金成为大气污染治理的有效政策杠杆，但是专项资金在自身资金管理方面存在一定的问题。2016年5月，在财政部对外发布的一份关于中央大气污染防治专项资金管理使用情况的通报中，列举安徽、天津、山西、河南等省（市）典型案例，点名批评部分地方政府骗取、挤占、挪用专项资金，违规扩大开支范围①。究其原因，是资金拨付的局限性和监督管理失效。

专项资金到位不及时。尽管《中央管理办法》规定了有关省级财政部门接到专项资金后，在30日内分解下达本级有关部门、本行政区域县级以上各级财政部门或项目承担单位，但是《天津市使用方案》规定，市环保局、市财政局依据相关区县或市主管部门验收审核结果，联合下达资金使用计划，再由各区县政府或市主管部门向项目单位拨付补助资金。《北京市管理办法》规定，对于申请环保技术改造“以奖代补”资金的项目，市财政局根据确定支持的项目清单和金额，将项目以奖代补资金预算下达至市环保局；对于申请市政府固定资产投资补助资金的项目，市发展改革委审定后根据项目进度预拨70%的资金，剩余30%在项目验收通过后拨付。《河北省暂行办法》也明确了下拨各设区市的资金，由省大气污染防治工作领导小组中牵头负责该项工作的成员单位研究提出具体实施方案，并报请省政府审定。省本级项目由项目承担单位按相关规定对其实施方案组织专家进行论证，报省环境保护厅、省财政厅审定后按相关规定实施。因此，大气污染防治专项资金还是要经历多部门审核、中央拨付到省级财政部门，经过省、地、市、县、乡几级财政转拨的过程，最终才能到达项目执行单位。多部门、多环节、多层级的审查和拨付流程大大降低了资金到位的效率。暂且不考虑预算外资金及其他资金，仅专项资金的拨款不能按计划到位，也将直接影响项目的实施，制约项目实施进程和效果的实现。

专项资金的投入本身就不具有逆向性，因此在资金监管方面难度很大。《中央管理办

① 财政部点名批评大气污染防治专项资金使用乱象[EB/OL]，http：//leaders.people.com.cn/n1/2016/1213/ c58278-28944903.html。

法》指出大气专项资金使用情况的监督检查由财政部同环保部等部门完成，并定期组织开展专项资金绩效评价。《北京市管理办法》规定资金、项目的监督管理由市环保局、市财政局、市经济信息化委、市发展改革委按规定进行。《天津市使用方案》也提到了由市环保局、市财政局以及区县政府等主管部门加强对补贴资金的监督管理。《河北省暂行办法》明确省级牵头单位负责牵头任务的组织协调、监督检查。但是，事实上大气污染防治专项资金拨付后，并没有对专项资金的使用情况进行全方位跟踪，由于缺乏有效的法律约束和日常监督制度保障，不可避免地会出现监督力度不足、监督方法不够先进等问题，大多只能突击检查、事后监督。况且，各监管部门为各自利益考虑，很难提供真实的项目资料，造成各种违规现象，使专项资金不能最大限度地发挥使用效益。

2.3.3 专项资金无法替代京津冀生态环保基金

相较于原有的“治理项目加财政专项资金”的封闭模式难以调动市场资源的状况，生态环保基金作为一种多元融资的方式，一方面可以解决融资难题，另一方面可以通过建立相对完善的组织机构，依托专业基金管理公司对各类项目进行投资估算、私募资金、运行管理、风险管控、收益分配、基金退出等全过程管理，能够有效地避免类似专项资金在资金分配、拨款、清算和监管过程中出现的各种问题。

京津冀环境污染防治项目具有长期性、系统性等特点，需要长期连续的资金支持。生态环保基金本身的资金流可以长期持续几十年循环存在，伴随和支持京津冀环境污染防治中长期项目和规划。但财政专项资金一般是以年度为预算单位，最长时间仅为 5 年。并且针对单一项目的财政专项资金无法采用横跨京津冀的大型区域项目设计，进而无法形成京津冀区域内联防联控、共同投资、共享收益的资金机制。虽然可以设计财政转移支付，但财政转移支付仍然是各个行政区分别治理，只是由北京市、天津市补贴河北省，在资金机制上无法通过整合京津冀大区域的联防联控来降低防治成本，难以采用大区域共治方式设计最佳共治方案。生态环保基金在注入项目后有回流机制，从而推动基金资金流的循环，达到长期循环运作的目标，并从区域层面上，给予京津冀大区域联防联控的支持。

生态环保基金在资金使用上更有效率。在基金全过程管理中具有明确的项目筛选原则，可以保证基金资助项目必须有市场需求，不仅要取得经济效益，还必须取得环境效益。只有完全符合经济环境效益标准的项目，才能通过筛选，获得资金分配权。这样就可以确保资金投向的正确性，实现资金的合理分配。生态环保基金可灵活采用多种资金使用方式，与企业、社会、金融机构投入捆绑或者联合使用，依托专业基金管理公司，直接投资环境污染治理项目，提高资金使用效率，能以更低的成本满足项目的要求，同时基金在资金使用中的控制更为严格，可以有效地避免在项目建设中产生的寻租和腐败行为。

生态环保基金能够“双放大”财政资金。财政专项资金只能直接投在指定的项目上，无法与金融工具相结合以撬动更多的社会资本。相反，生态环保基金以财政资金为引导，依托基金平台将财政专项资金与各种金融工具（如资产证券化、绿色信贷资金、绿色保险资金、绿色 PPP 等）相结合，撬动社会资本投入，实现社会资本与环境保护需求的有效融合，也实现财政资金在生态环保基金中的首次放大。资金投入不局限于专项资金的直接固定资产采购和工程项目建设，较多地采用贷款、担保、补贴等与社会资本捆绑的使用方式，实现从基金资本到项目资本总额的二次杠杆放大。

京津冀生态环保基金比较灵活。作为一种金融平台和工具，生态环保基金在资金运作和运用上比财政专项资金具有更多的选择性，可以设计基金体系来满足不同资金参与主体的风险偏好和收益需求，还可以依托基金运用不同的融资工具。

生态环保基金和专项资金的区别见表 2-5。

表 2-5 生态环保基金和专项资金的区别

	定位	资金来源	使用方式	使用主体	资金管理
生态环保基金	以财政资金注入为引导，充分发挥市场在资金筹集和使用中的作用	政府、企业、社会、金融机构等多元化资金来源	低息贷款、融资担保、盈利性投资	污染治理企业、环保服务企业及相关机构	基金管理机构、托管银行
专项资金	具有解决某类环境污染问题的专项用途，带有补助和奖励性质	财政预算作为唯一资金来源	无偿补助、以奖代补、以奖促治	污染治理企业、环保服务企业及相关机构	财政部门、环保部门

2.4 设立生态环保基金是拓宽生态环保融资的有效渠道

2.4.1 引导社会资本参与生态环保领域是大势所趋

进入 20 世纪 80 年代后，我国的环境污染日趋严重，政府逐步意识到单纯依靠国家财政已很难满足污染治理投资的需求。1984 年，中国建设银行、国家科学技术委员会、国家经济委员会、财政部、国家发展计划委员会、中国工商银行和国家城建部七部委联合颁布《关于环境保护资金渠道的规定的通知》，第一次就环保资金渠道问题做出明确政策规定，共有 8 条资金渠道，即基本建设项目“三同时”的环保投资、老企业更新改造投资 7%、城市基础设施建设中的环保投资、排污收费补助用于污染治理资金部分、企业综合利用利润（5 年内不上缴）留成用于污染源治理、银行和金融机构贷款用于企业污染治理的投资、污染治理专项资金和环境保护部门自身建设投资。这也标志着我国环境保护投资机制首次由单一的以政府财政为主体逐步发展为政府、银行、股市、企业等多种渠道。但是，老企业更新改造投资 7%和企业综合利用利润（5 年内不上缴）留成用于污染源治理等多条渠道，已随着经济体制改革而失去实际意义和现实作用；随着转移支付政策的改革和调整，环保专项资金会受到较大冲击；环境保护费改税后，排污收费补助用于污染治理资金部分的渠道也将丧失。除基本建设项目“三同时”的环保投资以外，传统稳定、硬性的环保投资渠道在萎缩、失效。

党的十八届三中全会《中共中央关于全面深化改革若干重大问题的决定》提出了使市场在资源配置中起决定性作用，建立吸引社会资本投入生态环境保护的市场化机制等改革要求。也就是说，要充分调动社会资本，特别是民间资本的积极性，使市场在资源配置中起决定性作用和更好地发挥政府的作用，坚持以社会资本为主和以市场化运作为主的原则，让社会资本发挥重要作用。2014 年国务院发布《国务院关于创新重点领域投融资机制鼓励社会投资的指导意见》指出，要在公共服务、资源环境、生态建设、基础设施等重点领域进一步创新投融资机制，充分发挥社会资本特别是民间资本的积极作用。2015 年党中央、国务院相继发布的《关于加快推进生态文明建设的意见》和《生态文明体制改革总体方案》明确要求，要健全环境治理和生态保护市场体系，鼓励各类投资进入环保市场，能由政府和社会资本合作开展的环境治理和生态保护事宜，都可以吸引社会资本参与建设和运营。生态环境保护的投融资机制和政策不断得到优化和创新，多元投融资渠道得到建立，为生态环保领域带来更多的社会资本。

2.4.2 政府和社会资本合作（PPP）模式以项目形式吸引社会资本投入

（1）PPP 模式受到广泛关注

自 2014 年以来，国务院以及财政部、国家发展和改革委员会等相关部委先后推出 20 余项文件，明确在包括环境保护等在内的相关领域积极引入社会资本，推广 PPP 模式。特别是 2015 年 5 月，国务院办公厅转发财政部、国家发展和改革委员会、中国人民银行《关于在公共服务领域推广政府和社会资本合作模式的指导意见》，提出要在环境保护等十三大公共服务领域积极推广 PPP 模式，并将推广 PPP 模式列为“双引擎”之一。在 PPP 模式下，政府采取竞争性方式择优选择具有投资、运营管理能力的社会资本，双方按照平等协商原则订立合同，明确责权利关系，由社会资本提供公共服务，政府依据公共服务绩效评价结果向社会资本支付相应对价，保证社会资本获得合理收益。

（2）生态环保的基础设施和公共服务项目需要以 PPP 模式引入社会资本

在生态环保领域，针对大气、水、土壤、噪声、生态保护等多个介质与要素存在的问题，政府遴选出潜在项目，并采用公开招标、竞争性谈判、邀请招标、竞争性磋商和单一来源采购等方式向社会资本开放这些环保基础设施和公共服务项目。然后，政府与社会资本组建项目公司，由该公司利用政府提供的优惠政策和特许经营权，搭建融资平台，实施项目建设、管理和运营。

（3）PPP 模式是以项目为主体的融资活动

PPP 模式是项目融资的一种实现形式，主要根据项目的预期收益、资产以及政府扶持的力度而不是项目投资人或发起人的资信来安排融资。项目经营的直接收益和通过政府扶持所转化的效益是偿还贷款的资金来源，项目公司的资产和政府给予的有限承诺是贷款的安全保障。在环保 PPP 模式中，政府和社会资本共同参与生态环保的基础设施和公共服务项目的建设和运营，由社会资本负责项目融资。但是，该融资方式一般适用于技术较成熟、预期收益较稳定、区域集中度较高及规模较大的环保项目，而中低利润型环保项目难以通过此方式融资。因此，受 PPP 合作领域不清晰、缺乏稳定的投资回报机制、市场公正性规范性不强、风险防范机制不健全、引导机制不健全等问题的限制，PPP 模式现在面临的困境是大量社会资本与环境保护需求难以融合。根据全国工商联环境商会对环保领域促进民间投资第三方评估的专题调研，项目融资难成为制约环保 PPP 落地的主要障碍。

2.4.3 生态环保基金拓宽环保投资渠道

（1）生态环保基金定位明确

生态环保基金通过政府财政资金注入，引导商业银行等金融机构综合运用多种金融工具，如银行贷款、保险、私募股权，以及可续期债券、项目收益债券等，调动社会资本投入一定规模效益的大中型或综合型治理工程、区域或流域污染防治示范工程、清洁生产工艺与高新技术的开发应用、环保最佳使用技术推广以及环境标志产品开发等领域，加强对大型环保项目的扶持力度，解决中小型环保项目的融资难题，从而产生财政资金高倍数的杠杆效应。可以说，基金采取灵活多样的方式最大化聚合资金，有效地拓宽环保投资渠道，持续为生态环境保护吸纳社会资本。

（2）生态环保基金可以成为PPP项目的重要融资渠道

生态环保基金作为融资平台，可以看作一个“资金蓄水池”，即通过资金的申购和赎回，使基金处于一种相对稳定的状态，持续滚动增值和做大做强。生态环保基金通常规模较大，杠杆效应明显。例如，政府在生态环保基金中出资10%，生态环保基金按PPP项目总投的10%投入项目公司（注册资本金+股东借款），实际政府在项目中只出资1%（通常情况下，为实现到期回购，政府平台公司在项目中会再直接出资1%～5%作为股东），政府投资的杠杆效应达到50倍以上（按政府再出资1%计算）。因此，生态环保基金可以采用债权和股权投资等有偿使用方式，支持生态环保PPP项目融资和实施，从而充分调动政府和市场活力，解决环保PPP项目融资难题，对PPP项目融资成本的整体降低也有很大帮助，发挥生态环保融资与环保产业之间的联动效应，实现财政资金在污染治理效果和环保产业发展上的“双促进”。

3 设立京津冀生态环保基金的可行性分析

面对京津冀地区当前复杂而严重的生态环保问题，既要一如既往地执行严格的环境规制，又要充分发挥市场在资源配置中的决定性作用，即综合运用多种市场手段、方法来促进环保事业发展，设立生态环保基金就是其中之一。这里从外部环境和设立条件两个层面依次对京津冀地区设立生态环保基金的若干可行性进行探讨。

3.1 外部环境分析

3.1.1 相关政策不断完善

随着财税体制改革，我国相关政策文件已开始将设立基金作为财政支出政策的重要创新形式。党的十八届三中全会《中共中央关于全面深化改革若干重大问题的决定》明确提出，要加快生态文明制度的建设，发挥市场配置资源的决定性作用。明确发展环保市场，建立吸引社会资本投入生态环境保护的市场化机制，推行环境污染第三方治理。《国务院关于创新重点领域投融资机制鼓励社会投资的指导意见》（国发〔2014〕60号）强调通过认购基金份额等方式大力发展生态环保等领域产业投资基金。《国务院关于改革和完善中央对地方转移支付制度的意见》（国发〔2014〕71号）提出对保留的具有一定外部性的竞争性领域专项，主要采取基金管理等市场化运作模式。《中共中央关于制定国民经济和社会发展第十三个五年规划的建议》提出要发展绿色金融，设立绿色发展基金。2015 年 11 月 12 日，财政部印发《政府投资基金暂行管理办法》，进一步规范了政府投资基金的设立、运作和风险控制、预算管理等工作。2015 年 12 月底，国家发展和改革委员会、环境保护部发布《京津冀协同发展生态环境保护规划》，明确提出设立由京、津、冀三地共同出资、中央适当支持的京津冀区域生态环保基金。2016 年 8 月 31 日，财政部等七部委印发《关于构建绿色金融体系的指导意见》，提出要支持设立各类绿色发展基金，一是整合现有节能环保等部分专项资金设立国家绿色发展基金，投资绿色产业；二是鼓励有条件的地方政府和社会资本共同发起区域性的绿色发展基金，支持地方绿色产业发展。党的十九大报告提出要“构建市场导向的绿色技术创新体系，发展绿色金融，壮大节能环保产业、清洁生产产业、清洁能源产业”。这些文件体现了国家对绿色投资的引导和政策信号作用，有了这些政策信号，就能减少绿色投资所面临的不确定性，使投资者更有信心。

3.1.2 社会可利用资金较为充裕

经过多年发展，生态环保领域积累了大量的可投资资金。一大批行业龙头企业（如汉唐环保、亚太环保、铁汉生态等），积累了丰富的产业资本，这些企业正在不断寻找投资方向和资金出路。此外，我国民间资本的总量较大，据统计，2015 年，我国财政预算内投资为 3.09 万亿元，而民间投资总额为 35.40 万亿元，是财政预算内投资金额的 11.46 倍，民间投资在社会固定资产投资（不含农户）中所占比重为 64.2%。这些巨额民间资本正从一些产能过剩的行业中游离出来，正在寻找新的投资渠道。环保企业、民间资本等投资者拥有长期充裕的资金，而“十三五”期间，我国环保产业空间潜力巨大，总社会投资有望达到 17 万亿元[①]，显然对这些社会资本具有较强的吸引力。值得注意的是，当前国家高度重视充分发挥社会资本特别是民间资本的积极作用，出台了很多扶持政策，更进一步提高了社会资本参与的积极性。例如，2014 年 11 月《国务院关于创新重点领域投融资机制鼓励社会投资的指导意见》提出要在生态环保等重点领域进一步创新投融资方式，一是建立健全政府和社会资本合作机制，二是充分发挥政府投资的引导带动作用，三是创新融资方式、拓宽融资渠道。

3.1.3 相关实践积累了经验

在国际上，一些发达国家通过建立环保基金盘活环保投融资机制，调动财政资源、社会资本和市场的积极性，提高环保财政资金的绩效，已是一种较为普遍的做法，可为京津冀生态环保基金提供经验。我国一些地方（如内蒙古、宁夏等地）开展的环保基金试点可兹借鉴。世界银行、亚洲开发银行等国际金融组织对支持我国建立中央一级的环保基金表现出强烈的兴趣，我国地方政府利用世界银行贷款建立环保基金已取得成功的经验，经过

---

① 环保“十三五”规划转向双目标，http：//dz.jjckb.cn/www/pages/webpage2009/html/2015-06/10/ content_6581.htm。

努力争取到国际多边金融组织的环保贷款是完全有可能的。如天津市、常州市等先后在世界银行的帮助下，利用世界银行的贷款建立了环保基金，这些基金遵循有偿使用的原则，采取“政策性基金、商业化运营”的模式，建立了独立的经济实体，负责基金的经营，并取得了一定的成效。地方环保基金及其利用外资的方式，为建立京津冀生态环保基金吸收利用外资提供了可借鉴的经验。

3.2 设立条件分析

3.2.1 区域共识基本形成

习近平总书记指出，推进京津冀协同发展，打造面向未来的首都经济圈，很重要的一项任务就是要着力扩大生态空间、加强生态环境保护合作，提高区域可持续发展能力。京津冀协同发展领导小组专题会议要求，推进京津冀协同发展，要在生态环保领域率先取得突破。近年来，京、津、冀三地不断推进区域联防联治工作，北京市、天津市与河北省部分城市在大气污染防治工作上分别建立对口帮扶、共同治理的工作机制：北京市主要是与河北保定、廊坊“结对子”，天津市与唐山、沧州“结对子”，提供资金、政策、技术上的支持，共同改善区域生态环境状况的共识基本形成。在资金支持方面，2015 年和 2016 年，北京市和天津市对河北省的支援资金分别为 9.02 亿元和 8 亿元。其中，2015 年，北京市对保定、廊坊的资金支持约为 4 亿元，2016 年又提供资金 5 亿元；2015 年，天津市对唐山、沧州加强大气污染治理的资金支持为 4 亿元，其中投入 2 亿元支持沧州市燃煤锅炉综合治理、散煤洁净化治理等大气污染治理项目，投入 2 亿元支持唐山市燃煤锅炉淘汰及清洁能源替代、民用燃煤洁净煤替代等大气污染治理项目，2016 年又继续提供资金 4 亿元。

3.2.2 资金募集渠道多

生态环保基金设立的关键是寻找稳定的、符合募资规模要求的资金来源渠道。目前，潜在的能与生态环保基金进行对接的募资渠道较多，可在募资过程中择机选择。国内外的资金募集渠道见表 3-1。

表 3-1 国内外各类融资渠道分析

融资渠道	具体分析
政府引导资金	在欧美发达国家，20%以上的股权投资基金的资金来自“母基金”。近几年政府引导的母基金发展迅猛
政策性银行	国家开发银行、农业发展银行、进出口银行
金融控股公司	根据基金设计的期限和滚动运营模式，阶段性引入金融控股公司资金，使其成为基金退出的重要通道和基金运营的缓冲带
信托公司	民间富裕阶层资产规模庞大，部分资金青睐于回报稳定且收益适中的投资品种。基金募集可通过信托产品吸引更多民间资金的参与
行业大型企业	自身行业收益率较低但现金流充裕的国企、民企、外企，有望成为基金募资的一类重点对象
国外资金	充分利用金融特殊通道，基金考虑设计为双币基金，引入国外主权、财富、家族等对安全性要求较高的大型基金

3.2.3 潜在支持的项目资源丰富

作为投融资平台，生态环保基金能否寻找到匹配度好的投资项目直接关系到所募集的资金能否顺利投出，关系到能否为基金投资人获取稳定的回报，也关系到能否持续吸引投资人不断做大生态环保基金。京津冀地区是全国水资源最短缺，大气污染、水污染最严重，资源环境与发展矛盾最为尖锐的地区，在区域协调发展战略下，如果京、津、冀三地密切配合，加强与实力强、信用好的大型企业和机构形成的战略合作，就可以甄选和储备质地优良的生态环保项目库，确保生态环保基金有充足的项目来源。

4 生态环保基金发展现状

基金是为了兴办、维持和发展某种事业而储备的资金或专门拨款，必须用于指定的用途并单独核算。生态环保基金属于基金的一种类型，是为了环境保护建立的。国外很早就开始实践环境保护基金，国内近些年也出现了由环保部门或其他政府部门牵头设立发起的地方环保基金。国内外取得显著成效的基金实践证明，在政府投入的同时，激发企业和社会环保投入的积极性非常重要。

4.1 国外生态环保基金实践

世界多国为了应对环境问题，在国家和地区范围内设立了各类环境保护基金，旨在利用基金政策工具为环境保护和碳减排进行融资，并利用财政资金撬动社会资本投入。美国、英国等国通过设立国家级综合环境基金，成为撬动其他资金进入环境投资领域的催化剂。许多转型经济国家在 20 世纪 90 年代初期开始用国家级综合环境基金撬动环境税费，带动其他资金保护自然环境和维护生态平衡。

除国家层面的基金，世界多国在地方上还分别设立地方环保基金。如美国除超级基金外，各州还设立了名目繁多的各类基金，多个州将征收到的废物处理方面的税费收入投入各种基金当中：伊利诺伊州将 72%的轮胎使用费收入投入旧轮胎管理基金、20%用于紧急公共健康基金、4%用于一般财政基金、4%返还给零售商；密苏里州将轮胎费收入的 96%纳入固体废物管理基金、其余 4%投入一般基金，电池费收入的 96%纳入危险废物基金、其余4%投入一般基金等。加拿大新不伦瑞克省通过设立环境信托基金，用于省内的环境和自然资源保持和修复，由财政大臣对基金进行监管。

4.1.1 美国超级基金

（1）超级基金的资金来源

美国超级基金是迄今为止世界范围内最著名的用于污染场地修复的专项基金。该基金由美国国会通过立法建立，资金主要源自以下几个渠道：政府拨款、针对石油和化学产品征收的专门税、针对一定规模的企业征收的环境税、向《超级基金法》违法者征收的罚款和惩罚性赔偿金、从污染责任方收回的场地修复成本以及基金的利息收益。

在 1980 年设立之初，超级基金主要来源于对石油和 42 种化工原料征收的专门税。1986 年出台的《超级基金修正及再授权法》除了将上述石油征税提高，还增设了两项新的税收，一是对 50 种化学衍生物征税，二是对年收入在 200 万美元以上公司所征收的环境税，税率是超过 200 万美元应纳税所得额的 0.12%。这些税收来源支持超级基金直至 1995 年 12 月 31 日，之后此类税种的再授权一直未能获得通过。没有了税收的支持，美国国会通过一般财政拨款用于支撑基金的大部分支出。近年来，有国会议员提出了恢复税收的提案，但并未得到支持。

（2）超级基金的用途

美国超级基金的设立是为美国国家环境保护局提供资金用于污染场地的治理和修复。超级基金主要用于两种情况：一类是用于《国家优先控制场地名录》上已受严重污染的场地的修复行动；另一类是用于需立即进行污染清除的场地的应急行动。据统计，《国家优先控制场地名录》中 30%的污染场地的修复是由超级基金资助的。就这些场地的情况而言，要么是美国国家环境保护局无法确认潜在责任方，要么是经确认的潜在责任方不具备相应的经济能力承担修复费用，这类场地一般称为“被遗弃的场地”。而《国家优先控制场地名录》中其余 70%的污染场地，由潜在责任方进行了治理和修复。

上述数据表明，虽然美国超级基金的资金来源多种多样，但仍无法满足污染场地修复的实际需要。因此，美国污染场地修复计划若想取得成功，更需依赖于潜在责任方实施修复工程，并支付修复费用。

（3）超级基金的管理

在超级基金监管方面，美国国家环境保护局并未设立全国统一的超级基金管理办公室。美国国家环境保护局在收到超级基金拨款后，将资金下发给各个执行超级基金项目管理和修复的办公室，由其自行分配。

4.1.2 美国清洁水州周转基金

（1）基金规模和来源

美国于 1987 年修订了《联邦水污染控制法》（即《清洁水法》或 CWA），设立了清洁水州周转基金计划。联邦政府和州政府按照 4∶1 的比例投入资本金。为扩大资金量，各州还可以通过“平衡债券”（用周转基金中的 1 美元做担保发行 2 美元的债券）来增加可使用资金。美国国会还根据美国国家环境保护局所做的“清洁水需求调查”等基础数据，每年向该基金注入一部分资金。清洁水州周转基金通过低息或无息贷款方式为合格项目提供援助。自 1987 年成立以来，清洁水州周转基金已累积为美国提供超过 890 亿美元的融资和 3 万多项低息贷款。

（2）基金用途

根据《清洁水法》，清洁水州周转基金主要为以下项目提供资金：①用于公有污水处理厂（包括 POTWs）的建设和维护费用，包括污水收集和处理、公有市政雨水项目、联合下水道溢出、下水道溢出、水管道及存储处理系统、绿色基础设施，涉水市政垃圾填埋场项目、水资源保护和再利用、节能和提高效率等。②非点源项目，包括农业径流、泄漏现场化污池系统、雨水径流、棕地污染、大气沉降、已关闭的堆填区径流、地下储油罐泄漏。③河口管理项目，包括公有资金和私有资金的项目，只要该项目是国家综合养护管理计划的一部分，并在计划中得以批准，但项目必须对应直接受益的河口水质。多数情况下，只有水质部分可以由清洁水州周转基金资助。

（3）经营管理

清洁水州周转基金由各州设立自己的管理机构（如加利福尼亚州的清洁水州周转基金管理机构为州水资源控制管理委员会，再如佛罗里达州的管理机构为环保部门）并根据本州的具体情况决定资金使用用途和申请程序等。清洁水州周转基金发挥着环保基建银行的作用。清洁水州周转基金将资金借给社区，偿还的贷款本金和利息被回收到基金中，用于为更多的水质保护项目提供资金。其周转性特点实现了资金供应的可持续。从全国来说，清洁水州周转基金的平均利率为 2.2%，而市场利率均值为 4.8%，依此计算，使用清洁水州周转基金可以少花费 21%的成本费用，而且该基金可以提供工程所需的全部资金。根据清洁水州周转基金计划，各州可在很宽的范围内灵活选择援助方案，包括贷款、再融资、购买地方债务或为地方债务提供担保以及购买债券保险等，同时各州可以设定具体的贷款条款，包括利率（从零利率到市场利率）以及还款期（可长达 20 年），也可根据具体环保需求锁定资源，包括城市和农村的受污染径流、湿地恢复、地下水保护、河堤整治、河口生态保护管理以及废水管理等。

4.1.3 美国州立饮用水周转基金

（1）基金设立目的

根据《安全饮用水法》修正，美国在 1997 年正式设立了州立饮用水周转基金，该周转基金是一个联邦（州）合作计划，旨在提供贷款来帮助州和地方改善其饮用水供水系统的基础设施，因为全国的供水系统需要大量投资用于升级换代以便能够继续保证为消费者提供安全的饮用水，防止老化的基础设施系统受到污染物威胁。同时，州立饮用水周转基金还为源评估项目等保护和加强系统管理的多样活动提供资助。

（2）基金规模和来源

基金分配必须保证各州至少获得不少于当年基金预算 1%的分配额。联邦政府补助以及地方政府提供的 20%的配套资金（补助或发债所得），为饮用水基础设施的改善，尤其是小规模和落后地区饮用水基础设施的改善，提供其偿还能力可承担的融资渠道。贷款是基金项目的主要支持方式，各州政府可按照州政府贷款利率的一定比例来设定贷款利率，如提供负利率贷款或减免本金等。各州政府为获得资本金补助，必须同意将相当于所获补助 20%的配套资金存入州立滚动贷款基金。

（3）基金用途

州立饮用水周转基金是美国国家环境保护局用于资助饮用水基础设施以保障全国饮用水质量的项目。该基金设立于1997 年，州政府运用该基金建立州饮水安全建设银行，并对公共饮水安全工程进行贷款。每年美国国家环境保护局首先要预留年度预算额的 1.5%供印第安属地和阿拉斯加土著人地区使用，2.0%用于改善小型水利技术系统，200 万美元用来监督部分饮用水所含的成分，1 000万美元用来开展健康影响研究。在提取这些特殊预留款项之后，再根据最新的饮用水基础需求调查数据来提出分配公式向各州分配基金。基金分配必须保证各州至少获得不少于当年基金预算1%的分配额，另外，哥伦比亚特区有权在分派额之外获得基金预算1%的额外拨款，弗吉尼亚岛和太平洋岛地区有权在分配额之外共同分享基金预算 0.33%的额外拨款。

（4）经营管理

州立饮用水周转基金由联邦和州共同管理，美国国家环境保护局作为州立饮用水周转基金最主要的联邦管理部门，负责对各州周转基金进行监督和引导，各州负责周转基金的具体运营和管理。在整个州立饮用水周转基金项目运营过程中，联邦和州形成了伙伴关系，各司其职，保障州立饮用水周转基金正常和高效地运转。

美国国家环境保护局通过审批各州提交的使用计划、拨款申请、年度报告等对其州立饮用水周转基金项目进行监督，并编写年度评估报告，通过制定导向性政策和控制预算比例来实现对各州周转基金投资方向的引导。美国国家环境保护局10个区域办公室通过检查、实地考察、采访、会议讨论等形式对辖区内各州的周转基金运营情况进行监督，包括审议其年度报告和审计报告。

各州负责州周转基金项目的具体运营。在获得拨款之前，各州需建立饮用水州周转基金。在申请年度拨款前，各州必须制订基金使用计划。使用计划经公众评议后，提交美国国家环境保护局。在年度任务完成后，各州需要每两年或每年提交年度报告和项目审计报告。

4.1.4　美国加利福尼亚州空气质量达标基金

（1）总体概况

加利福尼亚州（以下简称加州）是全球空气质量要求最高的地区之一。为提高空气质量，加州采取了一系列措施，空气质量达标基金是其中较为有效的方法。1998 年，加州成立空气质量达标基金，旨在以有效的成本减少颗粒物、NO_x、活性有机气体的排放。每一年，该基金将会给予一定的拨款，专门用于淘汰那些陈旧的、高污染的汽车引擎，同时也资助一些非机动车设备改造升级。截至 2016 年年底（累计 18 年），加州大气委员会与加州地方空气质量管理区已经在加州空气质量达标基金上投入资金 9 亿美元，累计淘汰了 5 万个引擎，减少臭氧污染物 17.8 万 t，减少细颗粒物 6 500 t。

（2）资金来源

加州空气质量达标基金每年的资金预算为 6 900 万美元，资金主要来源于：

①机动车部门征收的烟雾治理费用（Smog Abatement Fees）；

②加州税务委员会（Board of Equalization）征收的轮胎购买费；

③加州地方空气质量管理区提供的其他配套资金，每年 800 万美元。该笔经费大多数来自地方的激励资金，有一部分来自加州空气质量达标基金的利息；部分加州地方空气质量管理区还通过出售报废的旧设备获得一定的资金收入。

（3）资助项目的条件

加州空气质量达标基金作为州级层面设立的基金，主要提供成本有效的减排激励，资助的项目要满足以下要求：

①符合州实施计划（State Implementation Plan，SIP）要求。根据 SIP 的要求，加州空气质量达标基金资助的项目必须是永久的（permanent）、有剩余的（surplus）、可计量的（quantifiable）和可实施的（enforceable）。基金主要支持项目前期的减排，即在联邦政府、州政府和地方还未颁布相关规定之前，实现项目的减排。基金也资助一些引擎标准以外的项目，包括资助低 NO_x 和“零排放”技术。减排技术必须达到加州大气委员会或者美国国家环境保护局的技术要求。根据 SIP 的要求，加州空气质量达标基金需要实现 2023 年和 2031 年的 NO_x 减排目标。

②基金支持符合成本有效性的项目（cost-effective projects）。除基础设施项目以外，所有项目必须满足成本有效性要求。起初法律只规定成本有效性为每吨 NO_x 的处理成本不得高于 1.2 万美元，后来的立法（AB 923）中也增加了活性有机气体（ROG）和颗粒物（PM）排放处理成本的规定。由于柴油机燃烧排放的颗粒物（PM）对人类健康的影响更大，比其他污染物的减排成本更高，法律则规定：加州大气委员会制定一项“权重”成本有效性方法（weighted cost-effectiveness）。加州大气委员会给 PM 排放赋予了 20 的权重，以此对每类污染物分别赋予一定的权重。现在，加州大气委员会对成本有效性做了新的定义，即成本有效性为每权重吨的污染物（包括 NO_x、ROG、PM）的处理成本不得高于 18 260 美元（考虑了通货膨胀因素）。

③基金要使加州地方空气质量管理区受益（air district directed for local benefit）。每个加州地方空气质量管理区都有机会参与到基金项目中，加州空气质量达标基金允许地方空气质量管理区选择项目和优先资助的项目。对农业污染控制感兴趣的管理区将会希望基金能够资助置换拖拉机；海洋活动丰富的管理区则希望基金能够资助增加海洋业动能的项目。加州空气质量达标基金根据空气污染和人口情况，支持加州 35 个空气质量管理区。其中，75%的项目资金主要用于支持 5 个主要空气质量管理区。加州 22 个农村空气质量管理区的空气质量管理任务较重。州立法中规定：居住人口超过 100 万的空气质量管理区在使用加州空气质量达标基金时，应将不低于 50%的基金用于减少空气污染物和其他污染物的排放，既包括高污染暴露的社区，也包括人口较少、收入较低的社区。

（4）基金支持的项目类别

每个空气质量管理区利用加州空气质量达标基金开展各类项目，包括道路上高污染的机动车、火车、轮船，非道路的建筑和农业设备以及轻型车辆的退役。尽管基金主要支持清洁柴油发动机，但也支持一些零排放电力设备，如农业抽水机等。基金也支持一些天然气工程。图 4-1 显示了 2005—2016 年加州空气质量达标基金支持的领域和对象。

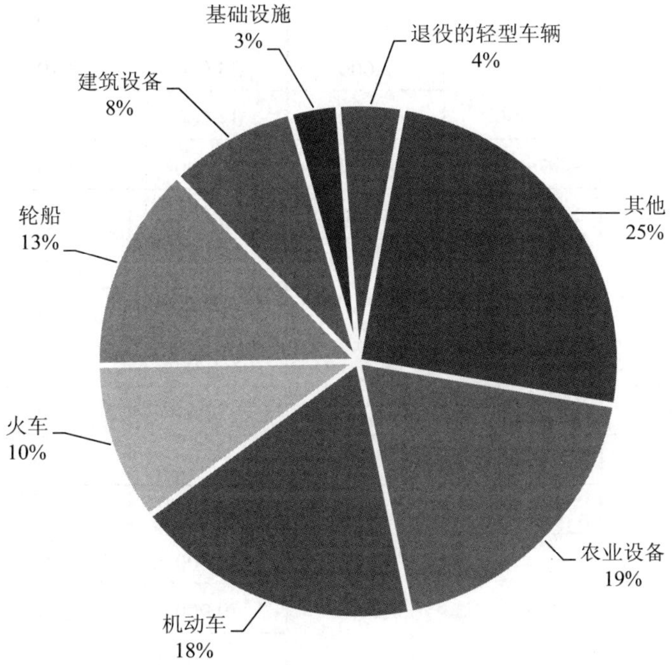

图 4-1　加州空气质量达标基金使用分布

注：统计结果为 2005—2016 年以来的情况。

数据来源：The California Air Resources Board。

（5）基金的资助标准

从加州空气质量达标基金的资助标准来看，主要可以分为两类：一类是改进的资助标准；另一类是针对卡车的置换标准。过去几年，加州空气质量达标基金主要针对小型卡车（10 座以下）进行改进或置换资助，如表 4-1 所示；同时，由于在激励作用下大型卡车拥有更多资源购买昂贵的清洁技术，将会有效推动清洁技术的发展。相关部门已经提出建议，对大卡车提出更高的环保标准，满足 0.10 克/制动马力小时（g/bhp-hr）NO_x 标准或更加清洁的标准。

①道路机动车改进资助标准见表 4-1～表 4-3。

表 4-1 道路机动车改进的基金资助标准（一）

（1～10 座，卡车和巴士不早于 2019 年 1 月 1 日前符合规制）

引擎使用的年份	LHD[①]和 MHD[②] GVWR[③]=14 001～33 000 lbs[④]			HHD[⑤] GVWR=33 001 lbs 或更高		
	每年最小使用值		资助金额/美元	每年最小使用值		资助金额/美元
	英里	加仑[⑥]		英里	加仑	
2002 年及以前	19 000	1 900	1 000	12 000	1 900	1 000
	36 000	3 600	2 000	23 000	3 700	2 000
	54 000	5 300	3 000	34 000	5 400	3 000
	71 000	7 000	4 000	45 000	7 100	4 000
	89 000	8 700	5 000	55 000	8 700	5 000
	—			66 000	10 400	6 000
				77 000	12 100	7 000
				88 000	13 800	8 000
2003—2006 年	26 000	2 600	1 000	17 000	2 700	1 000
	52 000	5 100	2 000	32 000	5 100	2 000
	77 000	7 500	3 000	48 000	7 600	3 000
	—			64 000	10 100	4 000
				79 000	12 400	5 000
				95 000	14 900	6 000

数据来源：The California Air Resources Board。

① LHD：Light Heavy-Duty，指轻重型。

② MHD：Medium Heavy-Duty，指中等重型。

③ GVWR：Gross Vehicle Weight Rating，指总体车重标准值，即全负载车辆的最大允许重量（包括所有所选装件、设备、乘员、货物和燃油重量）。

④ lbs：重量单位，磅，1 lbs=4.448 2 N。

⑤ HHD：Heavy Heavy-Duty，指重重型。

⑥ 加仑：体积单位，1 加仑（美）=3.785 412 L。

表 4-2 道路机动车改进的基金资助标准（二）

（1～10 座，卡车和巴士不早于 2020 年 1 月 1 日前符合规制）

引擎使用的年份	LHD 和 MHD GVWR=14 001～33 000 lbs			HHD GVWR=33 001 lbs 或更高		
	每年最小使用值		资助金额/美元	每年最小使用值		资助金额/美元
	英里	加仑		英里	加仑	
2002 年及以前	10 000	1 000	1 000	6 000	1 000	1 000
	19 000	1 900	2 000	12 000	1 900	2 000
	28 000	2 800	3 000	17 000	2 700	3 000
	37 000	3 600	4 000	23 000	3 700	4 000
	45 000	4 400	5 000	28 000	4 400	5 000
	54 000	5 300	6 000	34 000	5 400	6 000
	63 000	6 200	7 000	39 000	6 200	7 000
	72 000	7 100	8 000	45 000	7 100	8 000
	81 000	7 900	9 000	50 000	7 900	9 000
	90 000	8 800	1 0000	56 000	8 800	10 000
2003—2006 年	14 000	1 400	1 000	9 000	1 500	1 000
	27 000	2 700	2 000	17 000	2 700	2 000
	39 000	3 800	3 000	25 000	4 000	3 000
	52 000	5 100	4 000	33 000	5 200	4 000
	65 000	6 400	5 000	41 000	6 500	5 000
	78 000	7 600	6 000	48 000	7 600	6 000
	90 000	8 800	7 000	56 000	8 800	7 000
	—	—	—	64 000	10 100	8 000
	—	—	—	72 000	11 300	9 000
	—	—	—	80 000	12 600	10 000

数据来源：The California Air Resources Board。

表 4-3 道路机动车改进的基金资助标准（三）

（1～10 座，卡车和巴士不早于 2021 年 1 月 1 日前符合规制）

引擎使用的年份	LHD 和 MHD GVWR=14 001～33 000 lbs			HHD GVWR=33 001 lbs 或更高		
	每年最小使用值		资助金额/美元	每年最小使用值		资助金额/美元
	英里	加仑		英里	加仑	
2002 年及以前	7 000	700	1 000	5 000	800	1 000
	13 000	1 300	2 000	8 000	1 300	2 000
	19 000	1 900	3 000	12 000	1 900	3 000
	25 000	2 500	4 000	16 000	2 600	4 000
	31 000	3 100	5 000	20 000	3 200	5 000
	37 000	3 600	6 000	23 000	3 700	6 000
	43 000	4 200	7 000	27 000	4 300	7 000
	49 000	4 800	8 000	31 000	4 900	8 000
	55 000	5 400	9 000	34 000	5 400	9 000
	61 000	6 000	10 000	38 000	6 000	10 000
2003—2006 年	10 000	1 000	1 000	6 000	1 000	1 000
	18 000	1 800	2 000	12 000	1 900	2 000
	27 000	2 700	3 000	17 000	2 700	3 000
	35 000	3 500	4 000	22 000	3 500	4 000
	44 000	4 300	5 000	28 000	4 400	5 000
	53 000	5 200	6 000	33 000	5 200	6 000
	61 000	6 000	7 000	38 000	6 000	7 000
	70 000	6 900	8 000	44 000	6 900	8 000
	78 000	7 600	9 000	49 000	7 700	9 000
	87 000	8 500	10 000	54 000	8 500	10 000

数据来源：The California Air Resources Board。

②对卡车置换的资助标准见表 4-4～表 4-6。

表 4-4 轻重型卡车引擎置换资助标准

（GVWR=14 001～19 500 lbs，1～10 座的卡车）

<table>
<tr><td colspan="7">新的置换</td></tr>
<tr><td rowspan="3">引擎年份</td><td colspan="3">0.20 g/bhp-hr NO_x 标准或更加清洁</td><td colspan="3">0.50 g/bhp-hr NO_x 标准或更加清洁</td></tr>
<tr><td colspan="2">每年最小使用值</td><td rowspan="2">资助金额/美元</td><td colspan="2">每年最小使用值</td><td rowspan="2">资助金额/美元</td></tr>
<tr><td>英里</td><td>加仑</td><td>英里</td><td>加仑</td></tr>
<tr><td rowspan="4">1999 年[1]</td><td>24 000</td><td>2 300</td><td>5 000</td><td>26 000</td><td>2 500</td><td>5 000</td></tr>
<tr><td>48 000</td><td>4 600</td><td>10 000</td><td>51 000</td><td>5 000</td><td>10 000</td></tr>
<tr><td>71 000</td><td>6 900</td><td>15 000</td><td>—</td><td>—</td><td>—</td></tr>
<tr><td>95 000</td><td>9 200</td><td>20 000</td><td>—</td><td>—</td><td>—</td></tr>
<tr><td rowspan="4">2000—2002 年[2]</td><td>12 000</td><td>1 200</td><td>5 000</td><td>13 000</td><td>1 300</td><td>5 000</td></tr>
<tr><td>24 000</td><td>2 400</td><td>10 000</td><td>26 000</td><td>2 500</td><td>10 000</td></tr>
<tr><td>36 000</td><td>3 500</td><td>15 000</td><td>—</td><td>—</td><td>—</td></tr>
<tr><td>48 000</td><td>4 700</td><td>20 000</td><td>—</td><td>—</td><td>—</td></tr>
<tr><td rowspan="4">2003 年[2]</td><td>20 000</td><td>1 900</td><td>5 000</td><td colspan="3" rowspan="8">—</td></tr>
<tr><td>39 000</td><td>3 800</td><td>10 000</td></tr>
<tr><td>58 000</td><td>5 600</td><td>15 000</td></tr>
<tr><td>77 000</td><td>7 500</td><td>20 000</td></tr>
<tr><td rowspan="4">2004—2006 年[3]</td><td>13 000</td><td>1 300</td><td>5 000</td></tr>
<tr><td>26 000</td><td>2 500</td><td>10 000</td></tr>
<tr><td>39 000</td><td>3 800</td><td>15 000</td></tr>
<tr><td>52 000</td><td>5 000</td><td>20 000</td></tr>
<tr><td colspan="7">使用置换</td></tr>
<tr><td rowspan="3">引擎年份</td><td colspan="3">0.20 g/bhp-hr NO_x 标准或更加清洁</td><td colspan="3">0.50 g/bhp-hr NO_x 标准或更加清洁</td></tr>
<tr><td colspan="2">每年最小使用值</td><td rowspan="2">资助金额/美元</td><td colspan="2">每年最小使用值</td><td rowspan="2">资助金额/美元</td></tr>
<tr><td>里程</td><td>加仑</td><td>里程</td><td>加仑</td></tr>
<tr><td rowspan="2">1999 年</td><td>24 000</td><td>2 300</td><td>5 000</td><td>2 600</td><td>2 500</td><td>5 000</td></tr>
<tr><td>48 000</td><td>4 600</td><td>10 000</td><td>—</td><td>—</td><td>—</td></tr>
<tr><td rowspan="2">2000—2002 年</td><td>12 000</td><td>1 200</td><td>5 000</td><td>13 000</td><td>1 300</td><td>5 000</td></tr>
<tr><td>24 000</td><td>2 400</td><td>10 000</td><td colspan="3" rowspan="5">—</td></tr>
<tr><td rowspan="2">2003 年</td><td>20 000</td><td>1 900</td><td>5 000</td></tr>
<tr><td>39 000</td><td>3 800</td><td>10 000</td></tr>
<tr><td rowspan="2">2004—2006 年</td><td>13 000</td><td>1 300</td><td>5 000</td></tr>
<tr><td>26 000</td><td>2 500</td><td>10 000</td></tr>
</table>

数据来源：The California Air Resources Board。

① 2019 年 1 月 1 日前无须遵守卡车和公共汽车法规。

② 2020 年 1 月 1 日前无须遵守卡车和公共汽车法规。

③ 2021 年 1 月 1 日前无须遵守卡车和公共汽车法规。

表 4-5　轻重型、中等重型卡车引擎置换资助标准

（GVWR=14 001～26 000 lbs，没有满足 2010 年标准的卡车和巴士
需在 2021 年 1 月 1 日前达到要求）

新的置换						
引擎年份	0.20 g/bhp-hr NO_x 标准或更加清洁			0.50 g/bhp-hr NO_x 标准或更加清洁		
	每年最小使用值		资助金额/美元	每年最小使用值		资助金额/美元
	里程	加仑		里程	加仑	
1990 年以前	9 000	900	5 000	9 000	1 000	5 000
	17 000	1 700	10 000	18 000	1 900	10 000
	25 000	2 600	15 000	—	—	—
	33 000	3 400	20 000	—	—	—
1991—1998 年	12 000	1 200	5 000	14 000	1 300	5 000
	24 000	2 400	10 000	27 000	2 600	10 000
	36 000	3 500	15 000	—	—	—
	48 000	4 700	20 000	—	—	—
使用置换						
引擎年份	0.20 g/bhp-hr NO_x 标准或更加清洁			0.50 g/bhp-hr NO_x 标准或更加清洁		
	每年最小使用值		资助金额/美元	每年最小使用值		资助金额/美元
	里程	加仑		里程	加仑	
1990 年以前	9 000	900	5 000	9 000	1 000	5 000
	17 000	1 700	10 000	—	—	—
1991—1998 年	12 000	1 200	5 000	14 000	1 300	5 000
	24 000	2 400	10 000	—	—	—

数据来源：The California Air Resources Board。

表 4-6　中等重型卡车引擎置换资助标准

（GVWR=19 501～26 000 lbs，1～10 座）

新的置换						
引擎年份	0.20 g/bhp-hr NO_x 标准或更加清洁			0.50 g/bhp-hr NO_x 标准或更加清洁		
	每年最小使用值		资助金额/美元	每年最小使用值		资助金额/美元
	里程	加仑		里程	加仑	
1999 年①	48 000	4 600	10 000	51 000	5 000	10 000
	71 000	6 900	15 000	76 000	7 400	15 000
	95 000	9 200	20 000	—	—	—

① 2019 年 1 月 1 日前无须遵守卡车和公共汽车法规。

<table>
<tr><th colspan="7">新的置换</th></tr>
<tr><th rowspan="3">引擎年份</th><th colspan="3">0.20 g/bhp-hr NO_x 标准或更加清洁</th><th colspan="3">0.50 g/bhp-hr NO_x 标准或更加清洁</th></tr>
<tr><th colspan="2">每年最小使用值</th><th rowspan="2">资助金额/美元</th><th colspan="2">每年最小使用值</th><th rowspan="2">资助金额/美元</th></tr>
<tr><th>里程</th><th>加仑</th><th>里程</th><th>加仑</th></tr>
<tr><td rowspan="4">2000—2002 年①</td><td>24 000</td><td>2 400</td><td>10 000</td><td>26 000</td><td>2 500</td><td>10 000</td></tr>
<tr><td>36 000</td><td>3 500</td><td>15 000</td><td>39 000</td><td>3 800</td><td>15 000</td></tr>
<tr><td>48 000</td><td>4 700</td><td>20 000</td><td>—</td><td>—</td><td>—</td></tr>
<tr><td>60 000</td><td>5 800</td><td>25 000</td><td>—</td><td>—</td><td>—</td></tr>
<tr><td rowspan="4">2003 年①</td><td>39 000</td><td>3 800</td><td>10 000</td><td rowspan="8" colspan="3">—</td></tr>
<tr><td>58 000</td><td>5 600</td><td>15 000</td></tr>
<tr><td>77 000</td><td>7 500</td><td>20 000</td></tr>
<tr><td>96 000</td><td>9 300</td><td>25 000</td></tr>
<tr><td rowspan="4">2004—2006 年②</td><td>26 000</td><td>2 500</td><td>10 000</td></tr>
<tr><td>39 000</td><td>3 800</td><td>15 000</td></tr>
<tr><td>52 000</td><td>5 000</td><td>20 000</td></tr>
<tr><td>65 000</td><td>6 300</td><td>25 000</td></tr>
</table>

<table>
<tr><th colspan="10">使用置换</th></tr>
<tr><th rowspan="3">引擎年份</th><th colspan="3">0.20 g/bhp-hr NO_x 标准或更加清洁</th><th colspan="3">0.50 g/bhp-hr NO_x 标准或更加清洁</th><th colspan="3">1.20 g/bhp-hr NO_x 标准或更加清洁</th></tr>
<tr><th colspan="2">每年最小使用值</th><th rowspan="2">资助金额/美元</th><th colspan="2">每年最小使用值</th><th rowspan="2">资助金额/美元</th><th colspan="2">每年最小使用值</th><th rowspan="2">资助金额/美元</th></tr>
<tr><th>里程</th><th>加仑</th><th>里程</th><th>加仑</th><th>里程</th><th>加仑</th></tr>
<tr><td rowspan="2">1999 年③</td><td>48 000</td><td>4 600</td><td>10 000</td><td>51 000</td><td>5 000</td><td>10 000</td><td>62 000</td><td>6 000</td><td>10 000</td></tr>
<tr><td>71 000</td><td>6 900</td><td>15 000</td><td>—</td><td>—</td><td>—</td><td>—</td><td>—</td><td>—</td></tr>
<tr><td rowspan="2">2000—2002 年①</td><td>24 000</td><td>2 400</td><td>10 000</td><td>26 000</td><td>2 500</td><td>10 000</td><td>31 000</td><td>3 100</td><td>10 000</td></tr>
<tr><td>36 000</td><td>3 500</td><td>15 000</td><td rowspan="5" colspan="6">—</td></tr>
<tr><td rowspan="2">2003 年①</td><td>39 000</td><td>3 800</td><td>10 000</td></tr>
<tr><td>58 000</td><td>5 600</td><td>15 000</td></tr>
<tr><td rowspan="2">2004—2006 年②</td><td>26 000</td><td>2 500</td><td>10 000</td></tr>
<tr><td>39 000</td><td>3 800</td><td>15 000</td></tr>
</table>

数据来源：The California Air Resources Board。

① 2020 年 1 月 1 日前无须遵守卡车和公共汽车法规。

② 2021 年 1 月 1 日前无须遵守卡车和公共汽车法规。

③ 2019 年 1 月 1 日前无须遵守卡车和公共汽车法规。

（6）加州空气质量达标基金的经验

加州是美国甚至全球环保标准最严格的地区之一，通过实施严格的环保标准来保证空气质量。本书以加州空气质量达标基金为研究对象，从总体概况、资金来源、资助项目的条件、基金支持的项目类别和基金的资助标准五大方面对该基金进行了系统的总结和梳理，由此得出以下三点经验。

第一，大气质量改善基金要有专门的资金来源渠道。缺乏稳定的资金来源渠道而设立基金，最终都难以为继。从加州空气质量达标基金来看，基金有稳定的资金来源，包括机动车部门征收的烟雾治理费用、加州税务委员会征收的轮胎购买费、加州地方空气质量管理区提供的其他配套资金（每年 800 万美元）。从资金的提供主体来看，也是以政府为主，对政府征收到的相关资金采取专款专用的原则，专门提供给主要用于机动车污染治理的空气质量达标基金。

第二，大气污染治理基金的重要原则是成本有效性。加州空气质量达标基金严格按照成本有效性的标准给予资金支持。充分考虑各类污染物（主要包括 NO_x、ROG、PM）的排放量和排放特点，采用“权重”成本有效性方法，对每类污染物分别赋予一定的权重。通过这种差异化的资金资助方式，可以有针对性地降低主要污染物的排放量。

第三，大气污染治理基金要有针对性且有严格的标准。加州空气质量达标基金主要针对机动车的污染治理，对不同类型、不同大小、不同引擎使用年份、不同里程数的机动车，特别是针对卡车等制定了差异化的资助标准。这种差异化的资助方式，有助于及时淘汰高污染、高耗能的机动车，也有利于激励机动车引进更加清洁的技术，从而最终达到减少大气污染排放的目的。

4.1.5 英国垃圾填埋基金

（1）垃圾填埋税和垃圾填埋基金[①]

垃圾填埋税（Landfill Tax）是以需要填埋处理的废物为课税对象的一种环境税，垃圾填埋基金是在垃圾填埋税征收的基础上设立的一种资金筹措及税收减免机制。英国从 1996 年 10 月 1 日起，开始对居民垃圾征收垃圾填埋税。旨在减少垃圾填埋量，并促进环境友好的、可持续的废物管理方式。此项税收收入专门用于垃圾填埋方面的环保项目，并鼓励人们回收利用废品。

① 英国垃圾填埋基金，https：//www.entrust.org.uk/landfill-community-fund/。

1996年的《金融法》涵盖了有关垃圾填埋税及垃圾填埋基金的主要内容，根据税法规定，废物是人们有意丢弃的物品，不管是将物品置于地面上、地面下或水面下，或者置于矿洞的洞穴中，只要属于废物处理，都需要缴纳填埋税。该法也提供了以下3个二级条例：

①1996年垃圾填埋税条例（SI 1996 No.1527）：规定了该税在实施方面的具体内容，如注册、信息收集和核算程序，并包括垃圾填埋公共基金等方面的内容；

②2011年垃圾填埋税命令（SI 2011 No.1017）：定义了征收低税率的废物类别；

③2009年垃圾填埋税命令（SI 2009 No.1929）：列出了在垃圾填埋地需要缴纳垃圾填埋税的具体活动。

英国将垃圾分为三类：一般垃圾、低税率垃圾（惰性废物，即虽然不能直接回收利用，但经过工业处理可以化解）、免税垃圾（可以直接回收利用的垃圾）。垃圾填埋税的纳税人为垃圾填埋地运营者。从2009年11月起，英国政府和伦敦地方政府为了提高废物回收利用率，缓解垃圾填埋压力，实行了一项新举措：在伦敦启动了按垃圾容量征收垃圾桶税。政府发放给1/5的居民家庭带轮的、安装了小型电子芯片的垃圾桶，这些芯片记载了垃圾桶主人的地址，以便日后用于记录屋主的垃圾重量。政府要求各家庭必须进行垃圾分类，对“制造过多垃圾的家庭”进行额外收费、处以罚金，对生活垃圾按类按量征收垃圾桶税。

垃圾填埋税根据要处理的废物重量征收，并根据要处理的废物是否属于活性物质实行差别税率。自1996年以来，垃圾填埋税的税率经过多次调整，但总体而言，该税采用两档税率，即标准税率和低税率。对惰性废物填埋税适用较低税率。为了改善居民生活环境，鼓励替代填埋废物的处理方式，减少填埋导致的碳排放和环境污染，英国政府逐年提高了垃圾填埋税税率，1996年10月以来标准税率由每吨7英镑提高至2016年4月1日起征的每吨84.4英镑，低税率由每吨2英镑提高至2016年4月1日起征的每吨2.65英镑。

另外，根据英国2009年预算案，2011—2013年，自每年4月1日起，填埋税的标准税率每年将继续提高每吨8英镑，低税率到2011年3月31日以前一直维持每吨2.50英镑的水平。2010年的政府紧急预算案又提出，2014年以后，政府还要继续提高填埋税的标准税率。

（2）垃圾填埋基金的用途

为了减缓垃圾填埋场对临近社区的影响，英国政府设立了垃圾填埋基金（Landfill Communities Fund，LCF），正式的名称是垃圾填埋税减免方案。这种创新的税收减免机制可以使垃圾填埋场主将税款投给环境实体ENTRUST，帮助其实施环境项目，实现垃圾填埋税条例中的环境目标。

垃圾填埋场主最多可以将应缴填埋税税款的 4.2%（该比例每年由政府设定）贡献给环境实体 ENTRUST，由此可以获得相当于贡献资金 90%的税额抵免。剩余的 10%由垃圾填埋场主自行负担，或由第三方支付给场主。

LCF 的设计考虑了多方合作，将公立部门、私营部门和志愿行业结合起来，追求共同的环境目标，创造环境效益和更多的工作机会，改善垃圾填埋场临近社区的生活。通过 LCF 实施的项目必须是非盈利性的，且在垃圾填埋场 10 mile（1 mile=1.609 km）范围内，并需要达到下列目标之一：

①修复已废弃且不可利用的土地，包括废弃建筑的石棉拆除和废钢厂土地的污染物控制等；

②降低、防止或减缓污染物产生的影响，而这些污染物是在已经停止的生产和施工过程中产生的；

③提供或改善基本的公共宜居环境，包括运动场地、体育设施、公园、残疾人专用设施、公共花园、动物园设施以及林荫木栈道等；

④保护或改善生物及其原始栖息地；

⑤修复宗教或历史建筑，包括有价值的公共建筑和地标式建筑，如磨坊、陵墓、清真寺和教堂等。

目前，LCF 资金资助的具体项目包括 Kellingley 儿童活动场地、Guru Nanak Gurdwara 社区中心大楼、Pulborough 河流自然保护项目、One Minet 滑板公园、Exeter 教堂图书馆、Fife 保护红松鼠项目以及伯明翰公园的生物多样性行动等。

（3）垃圾填埋税及垃圾填埋基金的管理

在英国，税务海关总署负责审批和监督 LCF 监管方 ENTRUST，ENTRUST 负责管理 LCF、环境实体以及 LCF 资助的项目。财政部负责各项税收的收缴工作，包括垃圾填埋税的征收，LCF 的现期目标也是由财政部设定的。英国税务海关总署负责收取未捐给 LCF 的垃圾填埋税，并评估垃圾填埋场主由于捐款而获得税收减免的申请。

英国环境、食品和农村事务部负责履行政府的废物管理战略。2003年4月，英国对LCF进行了改革，包括取消LCF用于废物科研和教育项目的资金。时至今日，环境、食品和农村事务部已实施方案成功履行了政府的废物管理职责。

4.1.6 德国联邦环境基金

德国联邦环境基金成立于1990年，业务章程协议确定奥斯纳布吕克作为办公地点。此外，章程规定了基金会的结构、任务、资助程序和投资管理办法。联邦政府任命14人组成委员会，并任命1名秘书长领导全部业务。

（1）资金来源

基金资金来源于一家前公共控股钢铁公司国有股份的私有化，即变卖联邦企业萨尔茨古特股份公司（国有股份公司 SALZGITTER）获得 25 亿马克，依靠固定资产收入来开展奖励性活动并资助创新项目。基金会每年对项目的资助经费约 1.5 亿马克。1991 年以来，德国联邦环境基金会（DBU）已经资助了 8 600 多个项目（资助经费超过 15 亿马克）。

（2）支持范围

1990 年 12 月 17 日，德国联邦环境基金董事会宣布，基金会的主要任务是资助环保项目，重点支持中小企业环保项目，不资助基础研究。德国联邦环境基金会在资助工作中尤其注重以产品和生产为导向的环境保护。除项目资助以外，基金会还通过奖学金计划资助高水平的青年科学家，每年为应用环保领域提供 50 份奖学金。此外，基金会还颁发德国环境保护奖，表彰对环境保护以及减轻未来环境负担做出贡献的人士。

基金会主要资助环境技术、环境研究和预防以及环境对话等领域的国家计划外项目。基金会定期修订条款，主要分为几个领域：环境友好应用和过程，能源技术；建筑艺术和施工行业；物流管理和减排；应用环境研究；自然保护；土地的环境友好利用；奖学金计划；中小企业的环境通信和环境管理；环境信息的传递；环境教育，环境和文化遗产。

得到资助的项目具有以下特点：①同现有的研究和技术水平有明显差异，具有创新意义；②有广泛的应用前景，例如对某一个行业具有重要意义；在市场经济条件下可以较快地实现技术转让；③在减轻环境负担方面具有新的潜力。

（3）管理及程序

德国联邦环境基金会是在私有法监管下运作的一个非营利组织，必须支持保护环境方面的提议，并进一步确保资金的合理使用及持久运行。如需申请资金补助，申请方必须服从和接受程序规定。

申请资金限额：

①根据项目和申请人，基金给予不同数额的资金。对于合作申请项目，每一个合作伙伴单独处理一定类型和数量的资金。至于支持企业的数量，根据欧洲法律适用的规则，考

虑国家设定援助上限。

②申请类型和数额支持的上限根据批准另行通知。在部分融资的情况下，授权量和支付金额根据申请方占股等比减少。

③基金资助的结算额通常根据项目实际账目证明。这些计算是用具体工程成本产生的费用，减去项目收入取得的资金（如其他补助、赞助、公约收入）和非货币性服务（如志愿工作）。

④以贷款或证券的形式资助，特殊案例情况下将在批准后另行通知。

⑤贷款发放业务，如有令人信服的理由（如说明为何未能达成一个抢手的项目目标），可以免除赔偿。

（4）环保项目补助

德国政府对特定的环保项目进行补助，限于以下三种情况：①从预防环境污染的意义上需要国家参与的环保项目；②可以推动环保革新和改造的项目；③企业或其他国家、地区依靠自身力量不能完全实现环保目标的项目。环保资助项目一般由国有银行管理，国有银行不直接面向投资者，而是为商业和储蓄银行的地方支行提供资助。作为“一站式商店”，地方银行为投资者提供可利用的支持项目的评估意见，在选择最佳项目、处理申请和资金管理等方面提供帮助。政府通过对一系列示范性项目进行资助，有力地推动了先进技术和先进设备的应用和推广。

德国环境部曾发起对北莱茵河流域威斯特伐利亚地区生态和可持续管理的拨款计划，就是为了支持减少污水排放、改善水循环，以及通过改变生产过程减少污水中的有害成分。工厂和制造公司无论规模大小和收入多少，都符合该计划的支持条件，一些特定的公共机构也在资助范围内。财政援助采取拨款方式，大约能提供50%的投资成本，其总量不超过10万欧元。

在污水处理厂最初投资时，德国州政府经常给地方政府20%～25%的补助金。1974年德国州政府曾提供了9亿马克的补助资金用来帮助修建184个污水处理厂。1975年，德国联邦政府发放的补助金在企业治污投资中所占的比例为9.1%。

4.1.7 日本环境基金

在日本政府采取的环境政策中，建立污染控制服务公司（即环境事业团的前身，简称PCSC）是主要的措施之一。PCSC是一个独特的政府组织，其使命是针对环境问题，为私营企业和地方政府提供技术和财政上的支持。PCSC作为政府机构，是在1965年根据《建立污染控制服务公司法》成立的。当人们意识到环境问题不仅局限于治理污染，而是一个更加广泛的问题时，日本政府在 1992 年修改了该法律，并将该公司更名为日本环境事业团（简称 JEC），重新规定了公司的业务范围。该公司的主要监督机构是日本环境厅。多年来，JEC 通过日本政府的财政与投资贷款计划，主要从事以下项目：建设和转让项目、贷款项目、以环境保全为宗旨的全球环境项目。

（1）资金来源

事业团的资金来源包括一般的中央财政预算和财政投资、融资资金两部分，前者用来支付事业团的管理费、由事业团承担的环境设施建设补助以及由低息贷款造成的资金利润损失补助；融资资金来源于部分公共资金，如邮政储蓄资金和保险，直接用于事业团的建设和转让项目的贷款，或向企业和个人贷款。

（2）支持范围

JEC 通过日本政府的财政与投资贷款计划，主要从事污染控制项目的建设与转让，为私营企业和地方政府提供贷款等业务。

（3）建设转让及贷款项目的期限和条件

从环境政策的角度看，优先项目遵循以下三项原则。

①主体优先：对中小企业和地方政府的贷款期限和利率比大企业要优惠。

②合作项目优先：特别是对中小企业。数家企业合作建造污染控制设施显然比一家企业更经济，对于合作项目的贷款利率和贷款比例比单个企业更优惠。

③紧急原则：1990 年以后，固体废物燃烧产生二噁英的问题引起社会广泛重视。针对这种紧急情况，JEC 的项目贷款也为增建削减二噁英的设施制定了优惠条件，如提高贷款比例及降低抵押。

（4）效果评估

JEC 在引导污染控制投资上发挥了主导作用，成功地带动了市场上的私有资金，引导广大中小企业成为污染防治投资的主体；在建设和转让项目及贷款项目中发挥技术咨询顾问的作用，特别是在贷款项目中，JEC 对企业的技术合理性及投资规模的建议和指导，促进了企业的污染控制。

4.1.8 过渡型经济国家环境基金

过渡型经济国家是指从传统的计划经济向市场经济过渡，包括波兰、俄罗斯、匈牙利、保加利亚、捷克、斯洛伐克、爱沙尼亚等中东欧国家，它们有着相似的历史和经济发展状况，同时又有不同的发展速度和变革方式。过渡型经济国家的国家级综合环境基金主要是以环境费和罚款为主，结合国家预算、地方环境基金、国外援助、私人资金等各类资金共同设立。与国家级专项环境基金相对应，国家级综合环境基金在更广泛的范围内为保护自然环境和维护生态平衡提供资金。

过渡型经济国家环境基金一般是在中央计划经济下为指定排污收费用途而设立的，是中央环保部门的预算收入补充。这些环境基金由于其各国处于特殊的历史时期，受其原有体制惯性的影响，以及高通胀的作用，使资金来源、运作机制、使用效果都不甚理想；在基金的支付上，资金闲置与不足并存，其发挥的作用有限。这些不尽如人意的情况有其特定的历史和现实原因，在设立环保基金中应该认真总结和吸取经验教训。但过渡型经济国家环保银行的设立与运作（环保投资的商业运作方式）是市场经济条件下可供参照的范例。

4.1.9 各国环境基金经验

一是多国以设立基金筹集环境保护资金为由，开征环境相关税费，且税费收入多为专款专用。二是国际上设立基金均有相关的法律依据，在相关法律条款中明文规定基金的设立情况。基金有较高的法律地位，便于日后的执行操作。三是各国环境基金的资金来源基本包括环境类税费收入、财政拨款、罚没收入、基金利息以及社会捐赠款等。四是设立或指定专门的机构管理基金及项目的运行。

表 4-7 对典型国家的主要环境基金实践情况进行逐一介绍和分析，主要包括美国超级基金、英国垃圾填埋基金、爱尔兰环境基金以及过渡型经济国家环境基金情况等。

表 4-7 典型国家主要环境基金情况对比分析

基金名称	国别	法律基础	资金来源	基金用途	基金监管
超级基金	美国	《超级基金法》	政府拨款、针对石油和化学产品征收的专门税、针对一定规模的企业征收的环境税、向《超级基金法》违法者征收的罚款和惩罚性赔偿金、从污染责任方收回的场地修复成本、基金的利息收益	《国家优先控制场地名录》中已受严重污染场地的修复行动；需立即进行污染清除的场地的应急行动	美国国家环境保护局在得到超级基金拨款后，将资金下发给各个执行超级基金项目管理和修复的办公室自行分配
垃圾填埋基金	英国	《金融法案》	垃圾填埋税	垃圾填埋场 10 英里范围内的非盈利性公共基础设施、环境和生态保护类项目	ENTRUST 为监管方。税务海关总署负责审批和监督 ENTRUST

基金名称	国别	法律基础	资金来源	基金用途	基金监管
环境基金	爱尔兰	《废物管理（修正）法》	向塑料购物袋、垃圾填埋物征收的税费	废物回收、废物管理研发、废物管理计划实施、对环境低影响产品的生产和销售以及环境保护的培训和宣教等	环境、社区和地方政府部的部长负责基金的管理和控制[①]
过渡型经济国家环境基金	泰国	《国家环境质量保护和改善法》	燃料油基金、财政预算改善环境质量基金、服务费和罚没收入、政府赠款、私人部门、外国政府和国际组织捐赠	国家及地方的各类环境保护工程项目	由环境基金委员会具体运作。科技环境部环境政策规划办公室下专设的环境基金管理办公室对基金进行管理，审计署、财政部具体管理基金资金和财产，国家环境委员会负责批准基金委员会制定的关于基金使用的各类条件、规划、程序、办法等

4.2 我国生态环保基金实践情况

4.2.1 国家各类生态环保基金实践概况

（1）国家重大水利工程建设基金

国家重大水利工程建设基金是国家为支持南水北调工程建设、解决三峡工程后续问题以及加强中西部地区重大水利工程建设而设立的政府性基金。

国家重大水利工程建设基金的原身是“三峡水利建设基金”。相关资料显示，1992 年全国人大通过兴建三峡工程议案后，国务院决定全国（西藏、贫困地区的农业排灌用电、县及县以下的孤立电网除外）用电加价每千瓦时 0.3 分钱，与葛洲坝电厂上交的利润一并作为三峡水利建设基金，专项用于三峡工程建设。1994 年，三峡水利建设基金按照每千瓦时 0.4 分钱的标准征收。自 1996 年 2 月 1 日起，在三峡工程直接受益地区和经济发达地区的 16 个省、直辖市每千瓦时提高到 0.7 分钱。2009 年 12 月 31 日，财政部印发《国家重大水利工程建设基金征收使用管理暂行办法》。自 2010 年 1 月 1 日起，三峡水利建设基

① 环境基金，爱尔兰环境、社区和地方政府部，http：//www.irishstatutebook.ie/eli/2003/si/478/made/en/print？q=Environment+Fund。

金停止征收，但为其筹资的电价附加不取消，继续以新设立的国家重大水利工程建设基金的名义征收。

国家重大水利工程建设基金按照一定的原则筹集和分配资金。主要有三项原则：一是三峡水利建设基金向重大基金平稳过渡，保持三峡水利建设基金现行征收政策基本不变；二是南水北调和三峡工程直接受益省份筹集的重大水利基金，专项用于南水北调工程建设和三峡工程后续工作；三是南水北调和三峡工程非直接受益省份筹集的重大水利基金，留给所在省份用于本地重大水利工程建设。

（2）水利建设基金

水利建设基金是用于水利建设的专项资金，目的是加快水利建设，提高防洪减灾和水资源配置能力，缓解水资源供需矛盾，促进经济社会可持续发展。

水利建设基金有完整的基金组成和明确的资金来源。一是该基金由中央水利建设基金和地方水利建设基金组成。中央水利建设基金主要用于关系经济社会发展全局的重点水利工程建设；地方水利建设基金主要用于地方水利工程建设；跨流域、跨省（自治区、直辖市）的重大水利建设工程和跨国河流、国界河流重点防护工程的治理投资由中央和地方共同负担。二是中央水利建设基金和地方水利建设基金来源不同。中央水利建设基金来源主要有三个方面：车辆购置税收入中定额提取；铁路建设基金、港口建设费收入中提取 3%；经国务院批准的其他可用于水利建设基金的资金。地方水利建设基金的来源主要包括地方政府性基金和行政事业性收费收入中提取 3%。应提取水利建设基金的地方政府性基金和行政事业性收费项目包括车辆通行费、城市基础设施配套费、征地管理费，以及省、自治区、直辖市人民政府确定的政府性基金和行政事业性收费项目；经财政部批准，各省、自治区、直辖市向企事业单位和个体经营者征收的水利建设基金；地方人民政府按规定从中央对地方成品油价格和税费改革转移支付资金中足额安排资金，划入水利建设基金；有重点防洪任务和水资源严重短缺的城市要从征收的城市维护建设税中划出不少于 15%的资金，用于城市防洪和水源工程建设。

（3）育林基金

育林基金是保护我国森林资源、促进林业可持续发展，根据《中华人民共和国森林法》《中共中央　国务院关于加快林业发展的决定》等相关规定而设立的专项基金。

育林基金制度始建于中华人民共和国成立初期。长期以来，为了培育和发展森林资源，在财政极为困难的情况下，国家提出了以林养林的政策，对恢复我国森林植被、改善生态环境起到了重要作用。但是，随着社会主义市场经济的发展，公共财政支出框架建立，国家对林业的投入发生了根本性转变，原育林基金的征收、使用和管理已不适应林业发展的需要。育林基金按照最高不超过林木产品销售收入的10%计征，具体征收标准由各省、自治区、直辖市考虑林业生产经营单位和个人的经济承受能力核定。2015年，国家林业局印发《育林基金征收使用管理办法》，明确了育林基金专项用于森林资源的培育、保护和管理。具体包括种苗培育、造林、森林抚育、森林病虫害预防和救治、森林防火和扑救、森林资源监测、林业技术推广、林区道路以及相关基础设施和设备购置等。

（4）中国清洁发展机制基金

中国清洁发展机制基金是由国家批准设立的、按照社会性基金模式管理的政策性基金，其宗旨是支持国家应对气候变化工作，促进经济社会可持续发展。

中国清洁发展机制基金有明确具体的组织管理机构。设立了专门的基金审核理事会和基金管理中心。其中，基金审核理事会由国家发展和改革委员会、财政部、外交部、科技部、生态环境部、农业部和气象局的代表组成，设主席和副主席，分别由国家发展和改革委员会及财政部派出代表履行职责。主要负责的内容包括：基金基本管理制度；基金发展战略规划；基金赠款项目和重大有偿使用项目申请；基金年度财务收支业务事项等。基金管理中心是基金的日常管理机构，具体负责基金的筹集、管理和使用工作，由财政部归口管理。主要职责包括：起草基金基本管理制度，制定基金具体运行管理规定；筹集基金资金；管理基金资金，组织开展基金的有偿使用和理财活动；编制并组织实施基金的年度财务收支预算与决算；监督管理基金所支持项目的运行；向基金审核理事会报告基金的重大业务事项等。

中国清洁发展机制基金有具体的基金筹集来源和基金使用方式。从基金来源来看，主要包括三大来源：一是通过清洁发展机制项目转让温室气体减排量所获得收入属于国家所有的部分；二是基金运营收入；三是国内外机构、组织和个人捐赠。从基金的使用方式来看，一是明确基金采用捐赠、有偿使用等方式。基金通过捐赠方式支持有利于加强应对气候变化能力建设和提高公众应对气候变化意识的相关活动。通过银行存款，购买国债、金融债、企业债等形式开展理财活动。二是基金支出包括业务支出和开发费用支出。三是基金管理中心应就基金使用进行风险控制。

（5）中国政府和社会资本合作融资支持基金

中国政府和社会资本合作融资支持基金（中国PPP基金）是经国务院批准，由财政部与全国社会保障基金理事会、中国建设银行股份有限公司、中国邮政储蓄银行股份有限公司、中国农业银行股份有限公司、中国银行股份有限公司、中国光大集团股份公司、交通银行股份有限公司、中国工商银行股份有限公司、中国中信集团有限公司、中国人寿保险（集团）公司在内的国内10家大型金融、投资机构共同发起设立的公司制基金。中国PPP基金由中国政企合作投资基金股份有限公司（母基金）和中国政企合作投资基金管理有限责任公司（母基金管理公司）共同完成对PPP项目的融资支持工作。

2016年3月4日，中国政企合作投资基金股份有限公司（以下简称基金公司）正式成立，注册资本为1 800亿元，作为社会资本方参与PPP项目投资，坚持市场化、专业化运作，主要通过股权、债权、担保等方式，为纳入国民经济和社会发展规划、基础设施和公共服务领域专项规划以及党中央、国务院确定的其他重大项目中的PPP项目提供融资支持，以解决PPP项目融资难题。

4.2.2 地方各类生态环保基金实践概况

（1）内蒙古自治区环保基金

内蒙古自治区于2016年研究制定环保基金设立方案。由区政府引导性资金和企业资金共同组成环保母基金。2016年母基金初始规模预计40亿元，其中，政府引导性资金与社会资本认筹比例为1∶3。环保母基金用于项目投资时可作为引领资金再次放大。基金退出方式包括股权、债权、担保、破产清算等。基金主要用于城市环境基础设施建设、工业园区环境综合整治、企业污染治理与综合利用等项目。内蒙古自治区环保基金的主要特征是财政投入为引导、社会资本投入为主体，主要用于解决治污企业和环保项目融资问题。

（2）重庆环保产业股权投资基金

重庆市于2015年设立环保产业股权投资基金，主要针对国内成长性较好的生态环保类企业进行股权投资。以政府资金为引导，面向社会吸纳资金，吸引4～5倍的社会资本进入生态环保领域。基金采用有限合伙方式，将投资与管理分离。同时，该基金还与其他产业引导基金进行合作，实现环保投入的放大效应。重庆环保产业股权投资基金的主要特征是财政投入为引导、社会资本投入为主体，采用股权转让的方式确保资金退出，主要用于突破环保企业融资“瓶颈”，支持环保产业项目做大做强。

（3）沈阳市环境保护基金

为增强污染防治能力，提高环保投资效率，依据《污染源治理专项基金有偿使用暂行办法》等规定，沈阳市设立了环境保护基金，用于解决地区环境问题。

沈阳市环境保护基金来源广泛。主要包括七大资金来源：全市历年征收的超标排污费中用于污染源治理的资金；每年积累的污染源治理资金；贷款的利息、滞纳金和挪用贷款的罚息，扣除按国家规定支付的银行手续费外，其余部分纳入基金；企事业单位治理污染自筹的资金；国家拨给地方的治理污染专项资金；市环境保护投资公司筹集的国际资金；其他有关资金。

沈阳市环境保护基金主要为企业提供贷款支持。一是明确规定了七类项目作为贷款范围：市重点污染源治理项目；“三废”综合利用项目；污染源治理示范项目；为消除污染，实行并、转、迁单位的污染源治理项目；国家、省、市下达的污染源限期治理项目；市环境保护局确定的其他治理污染项目；环境保护技术开发项目。二是明确了贷款期限和贷款利息：贷款期限不超过 3 年，用于污染源治理及“三废”综合利用项目的贷款月利率为一年期 4.2%、两年期 4.8%、三年期 5.4%；用于环境保护技术开发项目的贷款月利率为一年期 4.8%、两年期 5.4%、三年期 6%，贷款利息按季收取。

（4）浦东新区环境保护基金

为积极推进浦东新区环境保护和环境建设，浦东新区人民政府设立浦东新区环境保护基金，基金坚持“多方统筹、有效引导、重点聚焦、适度资助”的原则。

浦东新区环境保护基金明确了基金的来源和用途。基金的来源主要包括：排污费收入新区部分；扶持经济发展的专项资金；国内外企事业单位、组织和个人捐赠；上级部门划拨的环保资金；利息收入等。基金的用途主要包括：企业重点污染源防控、治理，包括企业污染治理和防控设备的更新、改造，治污企业的关、迁等；环保新技术的研究、开发、运用，包括环保新技术、新产品研发，环保新技术运用，环保新产品应用等；促进重点行业、企业实施清洁生产；环保宣传、教育与交流，包括对环保先进企业和个人进行表彰、基地设立等。

设立专门的基金管理机构。建立由环境、财政、科技、计划、审计等部门组成的环保基金理事会，由区政府分管领导担任理事长，理事会负责审定环保基金管理办法及操作办法、年度使用计划和年度使用情况的报告等，对重要事项做出决定。设立由环境、财政部门组成的环保基金管理办公室，负责编制基金年度计划和决算，负责受理环保基金资助以及日常管理工作，监督有关项目的实施。

（5）其他类型的地方环保基金

天津市、浙江省、辽宁省、常州市等先后利用世界银行贷款建立了污染治理专项基金，基金由世界银行的低息贷款和环境部门掌握的排污收费共同组成。运用一定的市场化手段，为工业企业改革工艺、消除污染、改善环境质量提供贷款帮助。表 4-8 列出了世界银行提供的各基金贷款情况、运营管理机构及贷款条件。

表 4-8 地方环保基金贷款情况、运营管理机构及贷款条件

<table>
<tr><th></th><th>天津基金</th><th>浙江基金</th><th>辽宁基金</th><th>常州基金</th></tr>
<tr><td>发贷单位</td><td>国际开发协会（IDA）</td><td>国际开发协会（IDA）</td><td>国际复兴开发银行（IBRD）</td><td>国际开发协会（IDA）</td></tr>
<tr><td>贷款额/万美元</td><td>1 900</td><td>450</td><td>500</td><td>316</td></tr>
<tr><td>贷款期限/a</td><td>15</td><td>15</td><td>15</td><td>20</td></tr>
<tr><td>宽限期/a</td><td>5</td><td>5</td><td>5</td><td>5</td></tr>
<tr><td>年利息率/%</td><td>5</td><td>5.60</td><td>浮动利率+1.5%</td><td>5</td></tr>
<tr><td>手续费率/%</td><td>5</td><td>5</td><td>5</td><td>5</td></tr>
<tr><td>受贷单位</td><td>天津市政府</td><td>浙江省政府</td><td>辽宁省政府</td><td>常州市政府</td></tr>
<tr><td>存款机构</td><td>建行天津分行国际业务部</td><td>建行浙江省分行</td><td>中国投资银行</td><td>建行常州分行</td></tr>
<tr><td>项目技术评估单位</td><td rowspan="2">基金管理办公室</td><td>基金管理办公室</td><td rowspan="2">省环境局属评估中心</td><td>环境局计划科</td></tr>
<tr><td>项目经济评估单位</td><td>建行浙江省分行</td><td>建行常州分行</td></tr>
<tr><td>贷款期</td><td>3～5 年</td><td>3～5 年</td><td></td><td></td></tr>
<tr><td>贷款利息</td><td>美元：IBRD 浮动利率+1.2%
人民币：中国人民银行同期技改贷款利率</td><td>中国人民银行颁布一年期固定资产贷款利率的 80%</td><td>IBRD 标准利率+1.5%的 90%，并由借款单位支付未提取金额 0.75%的承诺费</td><td>年息 5.5%</td></tr>
<tr><td>赠款</td><td>平均为项目贷款额的 10%</td><td>无</td><td>不超过项目贷款利息总额的 50%</td><td></td></tr>
<tr><td>借款单位自筹比例</td><td>不少于项目总投资的 30%</td><td>不少于项目总投资的 50%</td><td>一般占项目总投资的 50%，至少占 36%</td><td></td></tr>
<tr><td>借款项目管理单位</td><td>治理工业污染基金管理办公室</td><td>环境局计财处</td><td>省财政厅</td><td>市财政负责，环境局计财科参与</td></tr>
</table>

4.2.3 中国台湾地区土壤及地下水污染整治基金

中国台湾地区的土壤及地下水污染整治基金是基于 2000 年颁布的“台湾土壤及地下水污染整治法”设立的，经过多年的运作，成效显著，中国台湾地区污染场地的调查和修复工作完成率已分别达到 48.50%和 44.58%，并带动了环保产业发展、提升了社会经济效益。

（1）土壤及地下水污染整治基金的资金来源

土壤及地下水污染整治基金的资金来源包括土壤及地下水污染整治费收入、政府拨款、基金利息、环境保护相关基金的提取、罚没收入等。其中，向企业收取污染整治费是基金的主要来源，约占 95%。污染整治费收费对象是对土壤和地下水容易造成污染的行业，不同行业费率不同，每 5 年对征收种类、费率和行业进行调整。2001—2013 年，实收金额达 81 亿台币，征收企业数由 600 多家增加至 4 500 家。

（2）土壤及地下水污染整治基金的用途

根据“台湾土壤及地下水污染整治法”，基金专款专用于土壤及地下水污染的应急、控制、整治等工作。基金的使用具体包括土壤及地下水污染整治日常工作，推动土壤及地下水污染应急、调查及整治等措施及执行，提升污染调查及整治技术能力等。

基金的使用以采购社会化服务为主，提高基金使用效率。为保证基金的可持续性，采取垫付追偿模式，开展有偿整治。为提高企业参与积极性，采用以奖代罚模式，鼓励主动预防污染。

（3）土壤及地下水污染整治基金的管理

土壤及地下水污染整治基金在管理上由环境部门牵头成立基金管理委员会。委员会委员任期两年，其中专家、学者不得少于委员会总人数的 2/3。委员会委员于任期中及该任期届满后 3 年内，均应回避土壤及地下水污染整治相关工作。基金的管理由政府官员、专家、学者多方共同决策。

委员会下设工作技术小组，主要工作包括审核整治场址事宜，处理等级评定事宜，应变必要措施支出费用的审理，污染整治计划、整治基准或整治目标审查核定事宜，以及其他有关基金支用的审理等。

4.3 国内外生态环保基金对京津冀的启示

从国内外典型生态环保基金的做法中，得到以下几点启示。

（1）生态环保基金是一种灵活有效的环保投融资模式

生态环保基金可提高政府环保财力资源的绩效、落实环境责任、充分发挥市场机制作用、便于统筹实施环保战略等。

（2）重视基金法律地位的权威性

国外设立的环境保护专项基金都是由该国最高权力机关通过的法律确立的，澳大利亚甚至由国会通过专门的法律来设立专项基金，确立环境保护专项基金法律在法律体系中的高位阶，保证了设立基金法律的权威性，保障了基金在实践中的贯彻实施。

（3）明确的管理机构组织分工及严格的责任机制

在法律设立环境保护专项基金后，需要有相应的机构对其进行管理。基金主要是通过一定的经济手段激励环境保护行为，在运行的过程中，对资金的使用存在各种各样的风险，对基金的环境保护目标需要评价，这都需要有机构进行严格的管理。管理机构的明确性还体现在责任承担上，对于基金在运行过程中出现的问题需要有严格的责任划分，以促进基金的健康运行。

（4）针对环境保护基金的管理设立了较为严格的管理制度，并把透明性作为首要原则

有的设立了专门的管理委员会（如日本）；有的未设立专门的委员会，但是有专门的官员对基金进行管理，并且基金的运用受国会的监督（如荷兰、美国）。

（5）资金来源以政府财力为主

法定设立的环境保护基金主要来源于法定收入（如税收），编入每年的政府财政预算，这就保证了环境保护专项基金在运行中有充足的资金来源。环境保护基金的资金来源，首先是从政府处获得，即财政的直接拨款（如美国、荷兰），或补助（如日本）；其次为政府或基金依据法律向排污者征收的税收或费用（如美国、日本）；最后是基金利息收入和其他有关收入。但是不同基金具体来源方式并不完全相同。美国《超级基金法》中的有害物质反应基金资金，87.5%来源于石油和化工原料税收，其余 12.5%来自财政拨款；超级基金来源于向合格的有害废物处理设施接纳的所有有害废物征税。美国清洁水州周转基金由环境保护局局长向每个州发放，可见美国清洁水州周转基金的资金也是来源于政府的。

（6）使用方向集中在生态环保领域

各类环境保护基金的使用方向主要为改善空气质量、改善水质、垃圾处理等环境领域，可归纳为四类：一是用于恢复污染破坏的环境质量；二是防止污染发生，包括防污染技术的研发、对污染改善的奖励、监督污染的设备等；三是赔偿污染受害者；四是基金自身运作所需的管理费用，如支付工作人员工资和其他管理费用。

5 京津冀生态环保基金定位与构建思路

作为基金的一种类型，生态环保基金是为了生态环境保护而建立的。本章对京津冀生态环保基金总体框架，包括基本定位、总体思路、设立原则、基本框架等相关内容进行探讨。

5.1 基本定位

建立一个公益性较强又能充分体现生态环保领域投资特点的环保基金，可供选择的模式有很多，如政府型基金、社会公益型基金以及混合型基金等。

当前，我国经济增长正步入中速区间、处于经济增长过渡期，企业发展面临巨大压力和严峻挑战。在此背景下，不同生态环保基金具有不同的作用和走势。首先，我国经济进入新常态，为缓解企业竞争压力，给企业科技创新和产业升级预留时间，以向京津冀地区的企业征收赋税或以收费为主要手段的专项基金，在短期内建立实施的可能性较小。其次，以赠款为主要资金来源的基金规模小，难以成为京津冀地区生态环境保护的主流形式。再次，生态环保项目具有较强的公益性，无法完全依赖于商业型基金来改善区域生态环境质量，必须发挥政府的引导作用。最后，京津冀地区生态环境问题严峻，生态环保任务重，政府财政支出压力较大，社会投资明显不足，以推动社会资本环保投入为主要目标的混合型基金必然会成为京津冀地区当前生态环保领域重要的基金形式。另外，将大气污染治理领域作为京津冀生态环保基金优先开展的领域。

因此，京津冀生态环保基金的定位是以政府资金注入为引导，调动社会资本投入环保领域的积极性、发挥财政资金的杠杆作用、缓解京津冀地区环境治理资金不足，提高财政环保投资效率，充分发挥市场在资金筹集中的作用，实现滚动增值。结合京津冀协同发展的战略需求，同时考虑政府有限资金和庞大繁重治理任务，京津冀采取“母基金”（FOFS）

模式运作。母基金包括政府财政资金和社会投资，不直接参与项目投资，而是作为引导基金，带动若干个子基金的设立和运作，主要采取间接投资形式为主、直接投资为辅两种形式。子基金通过社会筹资的方式，实现资金二次放大，根据基金投资要求直接投资污染治理项目。通过这种方式，可以进一步放大财政资金和社会资本的杠杆效应，推动区域内重点行业转型升级，带动相关环保产业发展，解决突出生态环境问题，改善区域生态环境质量。

5.2 构建思路

5.2.1 总体思路

京津冀生态环保基金以改善区域环境质量为导向，建立多元化的资金投入模式，为解决区域紧迫生态环境问题提供资金保障。同时，带动区域环保产业发展，实现部分资金增值盈利。

①市场化运用。充分发挥市场机制的激励作用，调动排污企业、环保公司、金融机构、社会资本的积极性，构建多元化的环境保护投入融资格局，突破企业融资“瓶颈”。

②体现差异。京津冀生态环保基金在运行过程中要体现一定的差异性，特别是针对不同经济发展水平和不同环境质量的北京市、天津市和河北省，资金的投资领域、资金的投资比例等要有一定的区分。

③明确重点。京津冀生态环保基金应当以大气、水、土壤等要素为重点，并明确各个阶段治理的重点任务和要求，明确基金使用的重点领域和重点内容，考虑在京津冀生态环保基金下设立清洁水基金、大气污染防治基金、土壤污染防治基金。当前阶段，考虑京津冀地区的生态环保主要矛盾和实践重要意义，京津冀生态环保基金可先以大气污染治理领域为重点，以后再扩充到水、土壤和生态等其他领域。

④投资盈利。建立稳定的资金补充机制，确保资金以有偿方式为主，通过低息或无息贷款、融资担保等方式实现部分资金的增值盈利，尽可能地降低资金使用风险，以高杠杆率做大做强基金。

⑤绩效评价。由财政部、生态环境部、国家发展和改革委员会等部门共同建立京津冀生态环保基金绩效评价制度，明确评价原则、组织实施、评价依据、评价内容、指标体系、分值权重、评价标准等内容，评价资金投入与环境质量改善、污染物削减、环保设

施建设、环境工程运营成效的绩效关系，并根据评价结果及时完善资金使用、项目组织等管理制度。

5.2.2 设立原则

生态环保基金按照“广泛接触，优者胜出”和“政府引导、市场运作，科学决策、防范风险”等原则设立和运作。

①共同出资，区别责任。中央政府承担一定比例的资金，负责基金的宏观政策指导。京、津、冀三地协商按一定比例出资，根据京、津、冀三地的经济发展水平、行政经济功能、生态环境质量状况以及出资比例，制定差异化的责任制度。

②政府引导，渠道多元。基金资金来源力求多元化，可由财政部，京、津、冀三地政府共同出资，以财政资金投入和参股形式，充分发挥政府的引导带动和杠杆效应，通过设立优先股等机制，积极引导和鼓励社会资本进入。其中，中央政府出资额纳入中央财政预算，京、津、冀三地的出资额纳入地方财政预算。

③市场运作，专业管理。基金的发起设立、投资管理、退出等应按照市场化方式运作，尽责调研和客观评估。基金投向与运作要充分考虑生态环保产业多元交叉、技术复杂、专业强的特点，精心挑选符合投资标准的重大生态环保工程项目以及符合京津冀协同发展要求的重点企业，基金的运营全权由基金公司的专业管理团队进行。

④科学决策，风险可控。设立独立的投资决策委员会，作为最高投资决策机构，提高决策的专业性、科学性、透明性及独立性。基金应建立投资止损制度、退出机制、合理的投资结构、保险机制等，加强投资风险管理。

⑤优化配置，突出重点。按照京津冀协同发展的战略意图，优化三地的资金配置，基金使用向问题较大的河北省倾斜；以解决京津冀生态环境保护重点任务为基本导向，重点支持区域内重大生态环保工程项目建设以及重点行业污染治理的升级换代、节能改造、清洁生产，带动环保产业加速发展。

5.2.3 基金目标

京津冀生态环保基金从京津冀协同发展的高度出发，以股权投资方式为主，重点投资列入京津冀相关规划、区域环境介质治理重点领域、清洁能源与循环经济等方面的项目。通过设立京津冀生态环保基金，进一步推动区域内重点行业转型升级，带动相关环保产业的发展，以环境保护推动供给侧结构性改革，着力解决京津冀地区的突出生态环境问题，整体改善区域环境质量。

5.2.4 基本框架

首先由国家和京、津、冀三地发起设立京津冀生态环保母基金，母基金出资人为京津冀生态环保投资公司、金融机构和其他出资人，一般政府只出资其中一小部分，基金出资主要来自银行、保险、信托等金融机构和其他有实力的生态环保公司。母基金规模不大，不直接注资项目，而是通过投资到多个由生态环保项目包发起的生态环保子基金，对生态保护和环境治理项目进行投资估算、私募资金、运行管理、风险管控、收益分配、基金退出等全过程管理。

5.2.5 基金特点

公益与市场并重。京津冀生态环保基金作为政府引导性基金，既要支持政府职责范围内的公共领域生态保护和环境治理项目，如区域大气治理、流域生态治理与环境保护、环境监管能力建设、农村环境综合整治等项目，也要通过利息、担保费、权益性融资收益等增值渠道支持具有市场竞争优势的项目，如余热发电、脱硫脱硝、城镇与园区污水处理等环保设施建设与运营服务项目。可以按照一定比例分配基金的投资，如 30%～40%用于公益性投资，60%～70%用于经营性投资，以经营性投资盈利弥补公益性投资亏损，以此确定不同时段的项目组合。

保本增值。通过市场化资本运作和利益相关方优势互补，形成资金“蓄水池”，确保基金持续滚动增值和做大做强。

“双放大”效应。国家和京、津、冀三地政府的财政资金投入，引导金融机构和其他出资人的资金参与到京津冀生态环保母基金中，实现财政资金在生态环保基金中的首次放大。生态环保子基金通过社会筹资的方式，实现基金资金到项目资金总额的二次放大。

京津冀生态环保基金构建框架如图 5-1 所示。

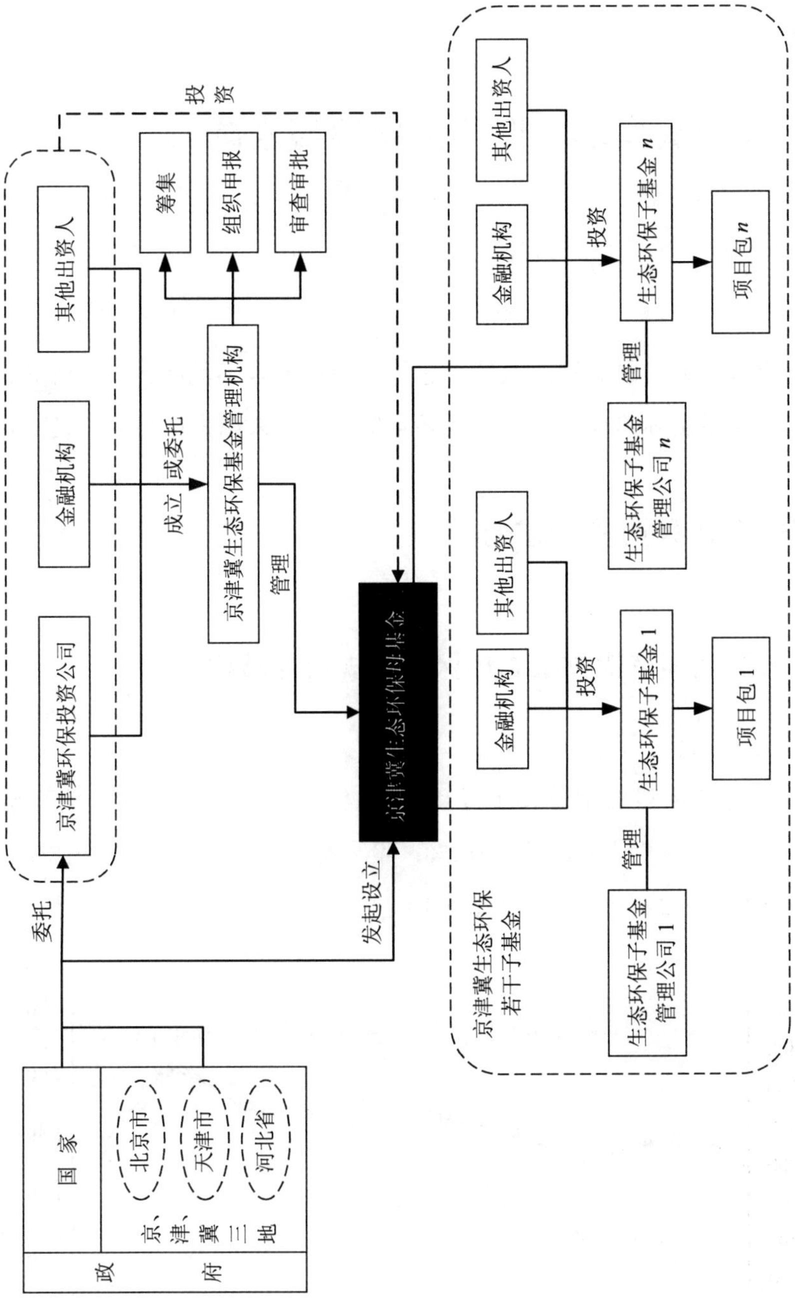

图 5-1　京津冀生态环保基金构建框架

6 京津冀生态环保基金规模与来源

生态环保基金设立的目的是解决区域生态环境治理投入不足问题、提高资金使用效率，因此基金规模必须满足实际治理的需要，且必须保证资金来源渠道稳定和切实可行。

6.1 京津冀生态环保资金需求分析

6.1.1 “十二五”期间京津冀生态环保投资规模与结构

（1）京津冀地区生态环保投资概况

京津冀地区生态环保投资量总体上呈现波动递增趋势。“十二五”期间总投资量为 3 455.57 亿元，较“十一五”期间增长 120.2%；环保投资占 GDP 的年平均比重为 1.77%，较“十一五”期间增长 0.22 个百分点（图 6-1）。

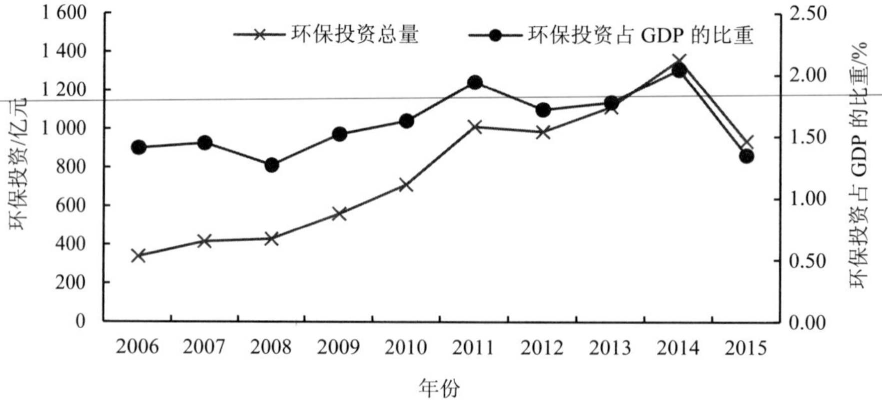

图 6-1　2006—2015 年京津冀地区生态环保投资情况

从各省（市）环境保护投资量情况来看，京、津、冀三地 2006—2015 年投资量总体上呈增长趋势。其中，河北省＞北京市＞天津市（除 2014 年和 2015 年）。“十二五”期间，河北省、北京市和天津市环保投资总量分别为 2 453.1 亿元、2 026.3 亿元和 929.1 亿元，较“十一五”期间分别增长 117.05%、114.72%和 143.12%（图 6-2）。

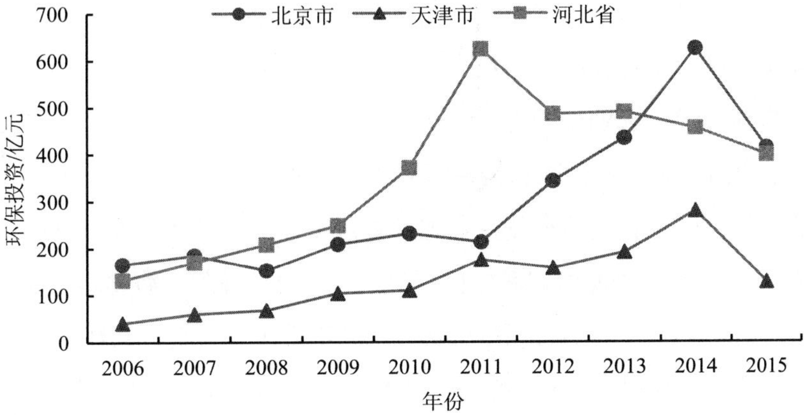

图 6-2　2006—2015 年京津冀地区各省（市）环保投资情况

从各省（市）环保投资占 GDP 比重来看，2006—2015 年北京市、天津市和河北省的环保投资占 GDP 的比重稳中有升，平均比重分别为 1.86%、1.23%和 1.23%。“十二五”期间，北京市环保投资占 GDP 的比重从 2011 年的 1.31%上升至 2013 年的 2.22%，2014 年更是达到了 2.93%，但 2015 年下降到 1.79%；天津市环保投资占 GDP 的比重前 4 年一直保持在 1.22%～1.77%，2015 年降至 0.76%；河北省环保投资占 GDP 的比重在 2011 年达到 2.54%，之后 4 年处于下降趋势，到 2015 年降为 1.33%（图 6-3）。

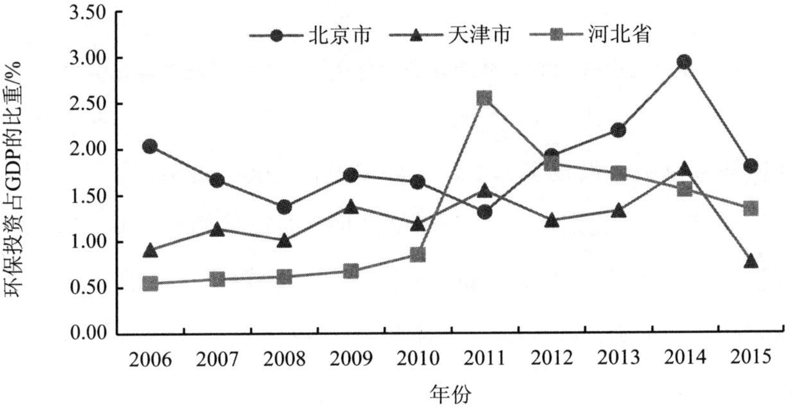

图 6-3　2006—2015 年京津冀地区各省（市）环保投资占 GDP 的比重

京津冀地区生态环保投资总量及其占 GDP 比重的增长趋势在一定程度上说明了对生态环保重视程度的提高和绿色发展理念的增强。但是，发达国家环保投资占 GDP 的比重大多在 2%～3%。京、津、冀三地中只有北京市环保投资占 GDP 的比重接近 2%，天津市和河北省均未达到 2%，说明京津冀地区环保投资总量不足，距离改善区域生态环境质量的水平相差甚远。

（2）京津冀地区生态环保投资结构

根据我国目前环保投资的统计方法，环保投资结构主要分为三部分：城市环境基础设施建设投资、工业污染源治理投资和新建项目“三同时”环保投资①。2006—2015 年，京、津、冀三地的环保投资重心是城市环境基础设施建设领域，资金投入总量最高，平均每年投入 565.02 亿元；工业污染源治理和新建项目“三同时”环保投资平均每年为 55.54 亿元和 165.91 亿元（图 6-4）。可以看出，2006—2015 年重污染天气持续增多，工业污染源治理投资理应逐渐成为环保投资的核心领域，但现实状况并非如此，由于市场更偏好生产建设和经济利益，所以工业污染源治理并不能得到足够的重视。

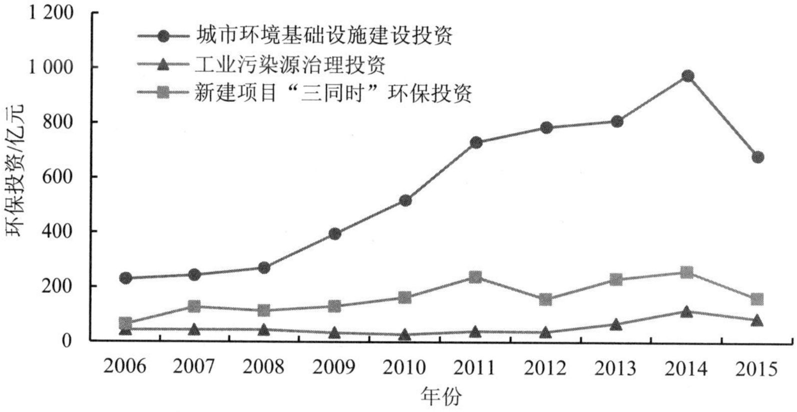

图 6-4　2006—2015 年京津冀地区生态环保投资结构变化情况

在城市环境基础设施建设投资方面，京津冀地区 2006—2014 年持续增长，2015 年出现下降。“十二五”期间，北京市、天津市和河北省城市环境基础设施建设资金投入总量分别为 1 828.7 亿元、560.7 亿元和 1 604.3 亿元，分别较“十一五”期间增长 148.84%、187.24%和 120.86%。值得注意的是，在增速上，天津市投资增长迅猛，表明其非常重视

① 城市环境基础设施建设投资主要用于燃气工程建设、集中供热设备、排水工程建设、园林绿化工程和市容环境卫生五方面；工业污染源治理投资主要用于治理工业生产过程中产生的对环境有害的物质，如工业废水、废气、固体废物及噪声等；新建项目“三同时”环保投资主要用于同时设计、同时施工和同时投产的污染治理设施方面。

城市环境基础设施建设。

在工业污染源治理投资方面，“十二五”期间，北京市、天津市和河北省投资分别为 26.3 亿元、88.8 亿元和 242.3 亿元，分别较“十一五”期间增长−15.97%、9.09%和 184.06%。河北省在该领域表现突出，这是因为在国家“大气十条”和“水十条”颁布实施后，河北省的工业污染治理任务比较艰巨，投入大量资金对现有企业已产生的污染进行治理。

新建项目“三同时”环保投资方面，“十二五”期间，北京市、天津市和河北省投资分别是 171.3 亿元、279.7 亿元和 606.5 亿元，分别较“十一五”期间增长−3.5%、164.87% 和 90.42%。北京市积极推动产业结构向高端化、服务化、集聚化方向转型，限制新建污染较重工业项目，项目数量的减少导致新建项目“三同时”环保投资不升反降。

2006—2015 年，北京市、天津市和河北省环保投资结构变化情况如图 6-5～图 6-7 所示。

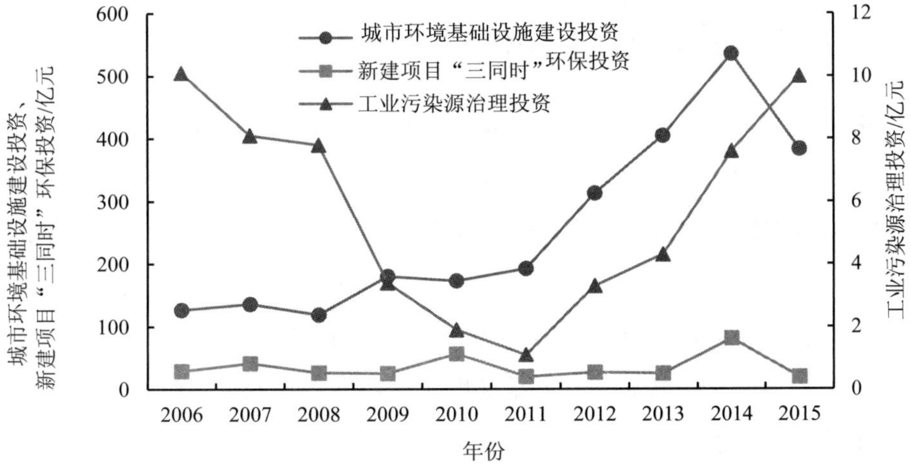

图 6-5 2006—2015 年北京市环保投资结构变化情况

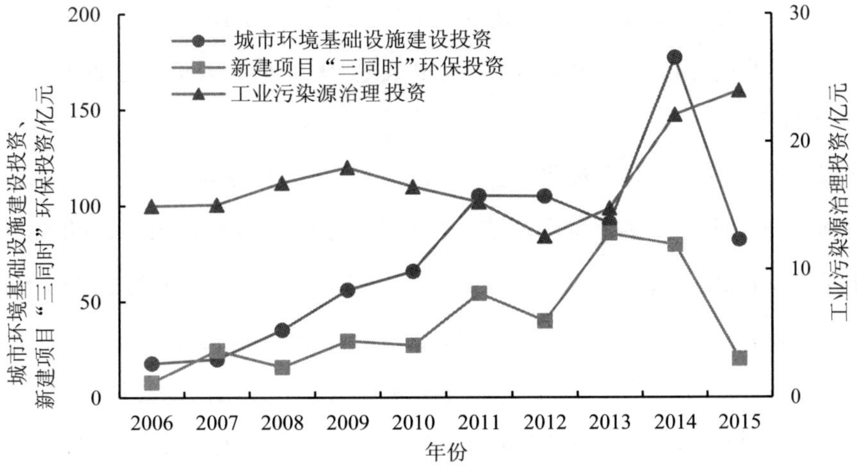

图 6-6 2006—2015 年天津市环保投资结构变化情况

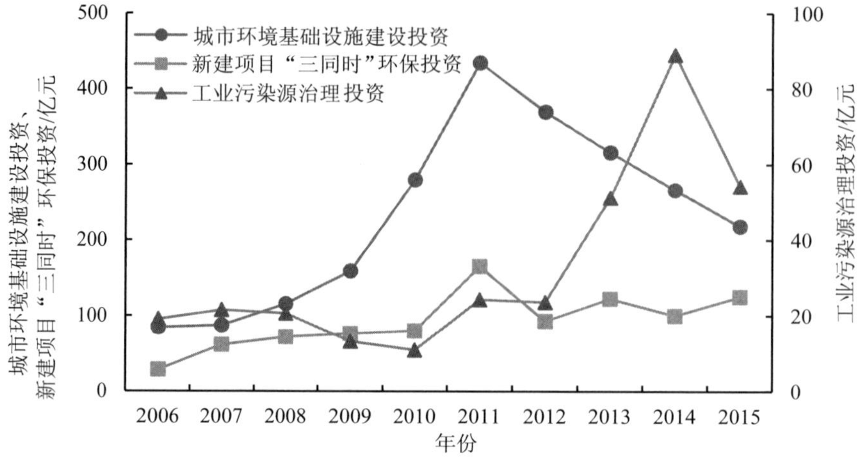

图 6-7 2006—2015 年河北省环保投资结构变化情况

6.1.2 “十三五”期间京津冀生态环保资金需求

根据环境污染来源不同，环保投资主要包括水污染防治、大气污染防治、固体废物污染防治、噪声污染防治、土壤污染治理、核安全与非核辐射防治、生态破坏修复等。这里将从环保投资占 GDP 的比重和污染物治理成本两个角度分别测算“十三五”期间京津冀生态环保资金需求。

（1）方案一：基于环保投资占 GDP 比重测算的资金需求

①“十三五”期间京津冀地区经济发展测算。根据《北京市国民经济和社会发展第十三个五年规划纲要》，北京市“十三五”经济发展目标是“在发展质量和效益不断提高的基础上，地区生产总值年均增速达到 6.5%，2020 年地区生产总值和城乡居民人均收入比 2010 年翻一番”。2010 年，北京市 GDP 为 13 777.9 亿元，2015 年为 22 969.6 亿元，若按照年均增长 6.5%的速度计算，2020 年的 GDP 可达到 31 470 亿元，是 2010 年的 2.28 倍，实现翻一番的目标。

《天津市国民经济和社会发展第十三个五年规划纲要》提出“十三五”期间“综合实力和城市影响力大幅提升，全市生产总值年均增长 8.5%”。2015 年天津市的 GDP 为 16 538 亿元，若按照年均 8.5%的增长率计算，2020 年天津市的 GDP 可达到 24 867.5 亿元。

河北省的 GDP 由 2010 年的 2 万亿元增至 2015 年的 3 万亿元，年均增长 8.5%。若按照《河北省国民经济和社会发展第十三个五年规划纲要》提出的“经济持续健康发展，全省生产总值年均增长 7%左右，到 2020 年突破 4 万亿元”目标发展，那么 2020 年河北省的 GDP 可达到 42 077 亿元。

综合京津冀地区各省市的经济发展目标来看，到 2020 年，京津冀地区可实现的 GDP 约为 98 414 亿元，“十三五”时期整个区域 GDP 约为 430 203 亿元，年均增长为 8%（图 6-8）。

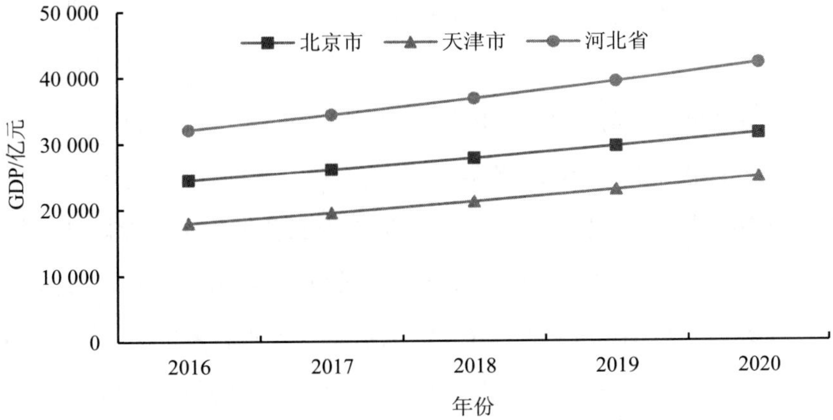

图 6-8 “十三五”时期京津冀地区 GDP 发展测算

②“十三五”京津冀生态环保资金需求测算。国际经验表明，当治理环境污染的投资占 GDP 的比重达到 1.0%～1.5%时，可以控制环境污染恶化的趋势；当该比重达到 2.0%～3.0%时，环境质量可有所改善[①]。根据欧盟统计局数据，2002—2013 年，欧盟 28 国环保支出占 GDP 的比重在 2.04%～2.28%，平均值为 2.15%。根据我国环境统计年报相关数据，2002—2013 年，考虑运行费用后，与欧盟口径类似的我国环保支出占 GDP 的比重在 0.87%～1.41%[②]，平均值为 1.14%，较欧盟 28 国 2.15%的平均水平少 1.01 个百分点（仅为 53%）。生态环境部环境规划院对环境保护与经济发展规律的研究结果表明，我国要比较全面地解决生态环境问题，环保投资占 GDP 的比重必须达到 2%左右[③]。

此外，我国国家有关部委和地方政府就地方的环境投入占 GDP 比重也有所要求。例如，2016 年，住房和城乡建设部、环境保护部联合印发的《全国城市生态保护与建设规划（2015—2020 年）》对生态园林建设、城市污染治理、海绵城市建设等在 2020 年的目标做出了明确要求，同时提出城市环保投资占 GDP 的比重不低于 3.5%；在《上海市环境保护和生态建设“十三五”规划》中明确提出“十三五”期间上海市每年的“环保投入相当于全市生产总值的比重保持在 3%左右”。

① 苏明，刘军民，张洁. 促进环境保护的公共财政政策研究[J]. 财政研究，2008（7）：20-33。

② 陈鹏，逯元堂，吴舜泽，等. 中国与欧盟环保投资及支出比较分析[J]. 生态经济，2016，32（11）：190-192。

③“十三五”环境短板怎样补？环保投资数额备受关注，http: //finance.people.com.cn/n/2015/ 1031/c1004-27760752.html。

就京津冀地区而言，如果“十三五”时期环保投资占 GDP 的比重保持“十二五”时期的增长速度，那么可达到约2%的水平；若按照国际经验，使环境质量有所改善，那么该比重应当达到 2.0%～3.0%；若综合相关部委文件和上海市提出的目标，该比重为 3.0%～3.5%。因此，这里设置环保投资占 GDP 的比重分别达到 2%、3%和 3.5%三种情景，结合三地的 GDP 发展测算结果得到：京津冀地区“十三五”期间总环保资金投入介于 8 604 亿～15 057 亿元，平均每年最高需要 3 000 亿元左右。

（2）方案二：基于污染治理成本测算的资金需求

①主要污染物减排量。根据京、津、冀三地“十三五”生态环保规划，与 2015 年相比，北京市 SO_2、NO_x、COD 和 NH_3-N 排放总量分别减少 30%、20%、14%和 16%以上；天津市分别减少 25%、25%、14.4%和 16.1%；河北省分别减少 28%、28%、19%和 20%。那么，“十三五”期间京津冀地区的 SO_2、NO_x、COD 和 NH_3-N 排放总量分别减少 37.83 万 t、46.75 万 t、28.22 万 t 和 2.59 万 t。其中，河北省减排力度最大，主要污染物减排总量最多，SO_2、NO_x、COD 和 NH_3-N 的减排量分别为 31.04 万 t、37.83 万 t、22.95 万 t 和 1.95 万 t，分别占区域减排总量的 82.06%、80.92%、81.32%和 75.29%。对于 $PM_{2.5}$，京津冀地区 2012 年燃煤锅炉排放量为 7.84 万 t，在重点区域控制情景下，2020 年京津冀地区燃煤锅炉排放量为 0.58 万 t[①]，那么相对于 2012 年减少 7.26 万 t，平均每年减少 0.9 万 t，则初步匡算“十三五”期间燃煤锅炉减少 4.5 万 t，结合京津冀地区（主要是北京、天津和石家庄三地平均）的污染源解析结果中燃煤锅炉 26%的贡献率，则匡算“十三五”期间京津冀地区 $PM_{2.5}$ 减排量为 17.31 万 t（表 6-1）。

表 6-1 京津冀地区“十三五”期间主要污染物减排总量 单位：万 t

主要污染物	北京市		天津市		河北省		减排量
	2015 年	2020 年	2015 年	2020 年	2015 年	2020 年	
SO_2	7.12	4.98	18.59	13.94	110.84	79.80	37.83
NO_x	13.76	11.01	24.68	18.51	135.09	97.26	46.75
$PM_{2.5}$	—	—	—	—	—	—	17.31
COD	16.16	13.90	20.91	17.90	120.81	97.86	28.22
NH_3-N	1.65	1.39	2.38	2.00	9.73	7.78	2.59

②主要污染物治理成本。京津冀地区“十三五”期间 SO_2、NO_x、$PM_{2.5}$、COD 和 NH_3-N 五种主要污染物治理费用计算方式如下：

① 贺晋瑜，燕丽，雷宇，等. 京津冀地区燃煤锅炉 $PM_{2.5}$ 减排潜力分析[J]. 中国环境科学，2017，37（4）：1247-1253。

$$V = \sum_{i=1}^{5} P_i \times C_i$$

式中，V 为污染治理成本；P_i 为第 i 种污染物减排量；C_i 为第 i 种污染物单位治理成本。

根据《中华人民共和国环境保护税法》，烟尘的污染当量值为 2.18 kg，北京市、天津市和河北省单位当量税额标准分别为 12 元、6 元和 9.6 元，将 $PM_{2.5}$ 按照烟尘的污染当量值计，单位当量税额取三地烟尘的中间值 9.6 元；根据《中国环境经济核算技术指南》和价格指数，2015 年 SO_2 治理成本为 1 170 元/t，NO_x 治理成本为 3 363 元/t，COD 治理成本为 21.84 元/kg，氨氮治理成本为 8.02 元/kg。

经测算，“十三五”期间，京津冀地区主要污染物治理所需费用约为 12 000 亿元，平均每年为 2 400 亿元。

6.2 京津冀生态环保基金规模匡算

6.2.1 已有研究的基金规模要求

2015 年，农工党中央提交的一份民主党派提案指出“国家继续加大对河北省生态修复的财政资金投入，并设立京津冀协同发展生态环境保护基金，资金规模设定为 300 亿元左右”①。2016 年，农工党中央向北京市委提交的《建议推动设立京津冀生态环保基金的提案》（以下简称《提案》）指出，京、津、冀三地迫切需要共同出资建立京津冀生态环保基金，实现环境公平，进一步吸纳社会资金分担治污压力。《提案》提出，京津冀生态环保基金所需投入的财政资金为 500 亿元左右，通过 PPP 拉动社会资金总量 2 000 亿元，基金总盘子在 2 500 亿元左右②。

6.2.2 京津冀生态环保基金规模

（1）政府引导资金撬动社会资本的经验借鉴

美国清洁水州周转基金为扩大资金量，可以通过“平衡债券”（用周转基金中的 1 美元做担保发行 2 美元的债券）来增加可使用资金，资金放大效应为 1∶2。

---

① 王胜男. 京津冀协同应建立生态环保基金[N]. 中国绿色时报，2015-03-17（A02）。

② 陈阳. 环保基金先行 京津冀协同治理出新招[N]. 中国经济导报，2016-02-19（B05）。

广东省广州市按照“政府引导、市场运作、科学决策、防范风险”原则，引导基金通过母基金方式与国内外优秀投资机构合作发起设立子基金，并按照引导基金与社会资本 1∶4 以上的出资比例进行募资。乌鲁木齐市设立产业扶持引导基金，为调剂整合市本级经济类财政专项资金 8 000 万元，按照 1∶4 的杠杆放大效应，乌鲁木齐市设立产业扶持引导基金 4 亿元，推进财政资金“由补变投”。北京市东城区人民政府设立东城区文化创意产业发展引导基金，按照市场化方式运作设立政策性基金，积极引导社会资本投资在东城区注册的文化创意企业，资金放大效应不低于 1∶4，引导基金不分享投资收益。

2016 年设立的内蒙古自治区环保基金初始规模为 40 亿元，其中政府引导性资金为 10 亿元，吸收社会资本出资 30 亿元；在环境治理项目投资上，以 1∶5 的比例二次吸收社会资本参与，形成约 200 亿元的环保基金投资规模。2017 年挂牌的宁夏环保产业基金总规模为 10 亿元，其中政府引导性资金为 1 亿元，向社会投资人和金融机构募集 9 亿元。

综上所述，不同政府引导基金规定的财政资金在环保项目中撬动社会资本的比例不同。考虑大多数政府性引导基金的杠杆效应，本研究对京津冀生态环保基金的资金放大效应采用 1∶（2～4）的比例。

（2）京津冀生态环保基金规模

综合上述，根据“十三五”京津冀生态环保资金需求两种方案的估算结果，预计未来 5 年京津冀地区生态环保投资总需求最大为 1.5 万亿元左右。结合我国已成立的各类产业投资基金的资金规模，考虑基金融资机制，未来政府专项资金将有很大比例投入到基金中，但是基金不能代替现在所有环保投融资渠道，所以，京津冀生态环保基金总规模设定为 2 500 亿元，资金来源由政府引导资金和社会资本构成，按照 1∶2 的比例实现首次放大，吸收金融及其他社会资本参与；如果通过 PPP 模式再按照 1∶4 的比例实现第二次放大，则政府引导资金需要为 312.5 亿元，其余由社会出资人出资。国家、北京市、天津市和河北省作为“1+3”政府财政资金的出资人进行投资。

6.3 京津冀生态环保基金来源

6.3.1 经验借鉴

（1）政府资金

美国超级基金资金主要源自政府拨款、针对石油和化学产品征收的专门税、针对一定规模的企业征收的环境税、向《超级基金法》违法者征收的罚款和惩罚性赔偿金、从污染责任方收回的场地修复成本以及基金的利息收益。美国州立饮用水周转基金资金主要源自联邦政府补助以及地方政府提供的 20%的配套资金（补助或发债所得），为饮用水基础设施的改善，尤其是小规模和落后地区饮用水基础设施的改善，提供其偿还能力可承担的融资渠道。我国台湾地区土壤及地下水污染整治基金资金主要源自土壤及地下水污染整治费收入、政府拨款、环境保护相关基金的提取、罚没收入等。我国内蒙古自治区环保基金中政府引导性资金主要源自排污收费（税）、中央环保专项资金和排污权有偿使用与交易资金。

（2）社会资金

全球环境基金是全球最大的环保基金，1991 年 21 个国家捐款约 1.4 亿美元作为 3 年试运行期的运行资金，在之后的正式运行期中，基金捐款国（主要是发达国家）定期向基金捐款。中华环境保护基金会的资金有很大比例来源于国内外热心于环境保护事业的企事业单位以及团体的捐赠、其他组织以及个人的捐赠、国外环境组织和友好人士的捐赠。内蒙古自治区环保基金和重庆环保产业股权投资基金都是以利用政府、金融机构、其他机构投资者签订战略合作协议的投资方式参与环保基金，充分利用母基金撬动社会趋利性资金参与到生态环保或环保产业领域中。

（3）增值收益

美国清洁水州周转基金为扩大基金的资金量，允许各州可以通过“平衡债券”（用周转基金中的 1 美元做担保发行 2 美元的债券）来增加可使用资金。截至 2005 年，通过发行债券、州政府出资、贷款本息回收以及其他融资渠道，基金的可贷款总金额达到 97 亿美元。我国的全国社会保障基金可以通过国有股减持和股权资产以及其他投资收益来融资。

6.3.2 资金来源

京津冀生态环保基金资金来源主要包括政府资金、社会资金和增值收益三个方面。政府资金包括各种渠道的预算内资金和预算外资金，一般以无息方式定期注入；社会资金指以劣后方式介入的社会资本，承担较高的投资风险，获得较大的投资收益；增值收益包括放贷利息、担保费以及其他盈利性投资收益等。

（1）政府资金

财政专项资金。整合中央下拨京津冀地区各类环境保护专项资金，包括中央大气污染防治专项资金、中央水污染防治专项资金、中央土壤污染防治专项资金、中央农村环保专项资金、中央“三河三湖”治理资金、城镇污水处理设施配套管网以奖代补资金等，以及京津冀地区省级环境保护引导资金。根据调研，“十二五”期间，国家下拨河北省的财政环保专项资金为170.22亿元，河北省财政环保专项资金为30.51亿元，合计200.73亿元，年均约为40亿元。财政专项渠道资金量大，且具有稳定性，是生态环保基金的主要资金来源。

环境保护税资金。我国于2018年1月1日起施行《中华人民共和国环境保护税法》，环境保护税采取费改税方式，征税对象和范围与原来排污费的征收对象和范围基本相同，均为直接向环境排放的大气、水、固体废物和噪声等污染物。在排污费改税后，环境保护税将具有地税性质，收入归地方所有，但是要列入地方统一预算，环保支出将由财政统一安排。因此，可以在京津冀省级预算内列支一定比例的政府资金注入基金中（图6-9）。

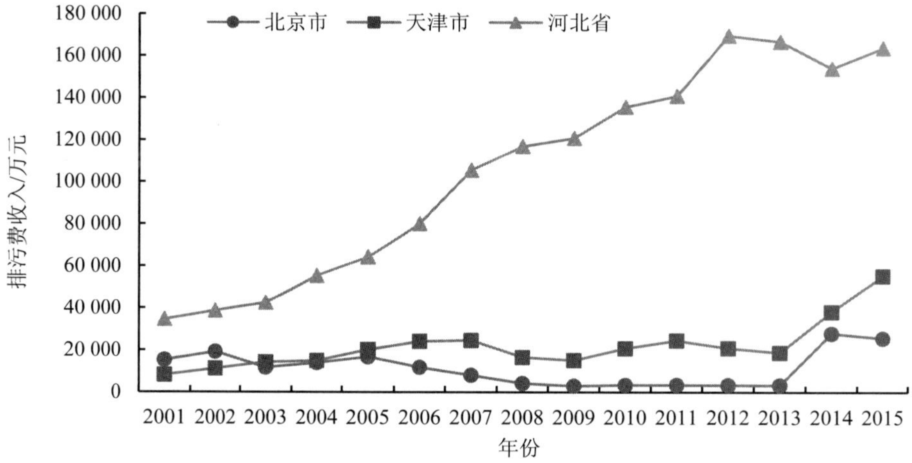

图6-9 2001—2015年京津冀地区排污费收入情况

环保行政罚没收入。随着新《环境保护法》的实施，我国持续加大打击环境违法行为力度[①]。作为法益保护、行为规制最为重要的手段，我国《刑法》在第六章第六节中规定了“破坏环境资源保护罪”，共有9个条文8项罪名，其惩罚措施不仅包括管制、拘役和有期徒刑之类的自由刑，还包括没收违法所得、处以刑事罚金之类的财产刑。罚金刑的目的在于使犯罪人的财产遭受惩罚，以引起其警醒，给其犯罪行为以警告，以此达到一种刑法的目的。刑法既是“善良人的大宪章”，又是“犯罪人的大宪章”，环境刑事罚金的设立

① 根据环境保护部数据，2016年全国共立案查处环境违法案件13.78万件，下达行政处罚决定12.47万份，罚没款数额总计66.33亿元，分别比2015年增长了34%、28%和56%，广东、北京、江苏和浙江行政处罚案件数均超过万件。

就是为了惩罚环境犯罪者，保护环境污染受害者和自然生态环境。行为的惩罚性与法益的保护性决定了环境刑事罚金可以作为救济环境污染受害人资金的来源。同理，将环境行政罚款的一部分纳入生态环保基金也体现出法益的保护性。

其他财政环保资金渠道。如环境责任保险金、排污权有偿使用费、土地出让收益所得、“双高”企业年收益提取、电价或燃油费按比例提取等。

（2）社会资金

国际援助贷款资金。2016 年，世界银行批准给中国提供 5 亿美元贷款用于河北省大气污染防治计划，多措并举减少大气污染物排放。京津冀生态环保基金可以将国际援助贷款资金纳入进来，进一步扩大财政资金来源，弥补生态建设和环境保护的资金不足。

社会趋利性资金。吸纳不同社会出资人的资金进入基金中，主要包括：一是社保基金理事会、人保集团、人寿集团等，拥有长期性资金，符合基金长期运营的需要；二是国投、电信、电力、石油、烟草、化工等大型国有企业，国家开发银行等金融机构，相关生态环保产业的大型企业，利于基金经营；三是大型民营企业投资、创业投资基金等，扩大资金来源。

社会捐赠（捐助）资金。我国是鼓励社会捐赠的，《中华人民共和国公益事业捐赠法》对捐赠的条件、受赠的条件、捐赠款的使用管理做了相关规定。现阶段，一些企业的捐赠（捐助）一方面可以看作公益行为，另一方面也是盈利之举，因为企业捐赠（捐助）行为能够提高其名声和地位，在社会上获得一种良好的信誉和评价，这也是企业增强实力的一种无形资产；而个人的捐赠也是提高个人修养和素质的良好方式，有利于增强集体荣誉感和个人环保意识。因此，基金应广泛吸收各阶层主体的募捐，大力倡导社会各界投身到环境保护的公益事业中。

（3）增值收益

为了实现资产的保值增值，基金组织可以按照国家法律的相关规定将资金进行投资收益。如银行存款、公司股票、政府债券、公司债券、不动产投资和证券投资基金等。

7 京津冀生态环保基金资助项目选择和资金使用形式

项目选择优劣是投资能否成功的关键，需依据事先设置的程序和标准进行。为了更好地设计好项目选择程序，在京津冀生态环保项目现状分析的基础上，本章回顾了国际和国内资金使用的做法，建立了项目选择方法及相应筛选依据，研究提出了京津冀生态环保基金资金使用形式。

7.1 京津冀生态环保项目情况分析

基金在选择项目时，应以京津冀地区的重点环保工作为基本依据，明确京津冀地区共有的重点工程，充分考虑专项资金对各项工程的投入程度及地方政府对各个项目的实际推进情况，遵循项目选择原则，合理划定项目支持重点。

7.1.1 京津冀生态环保工作重点项目

本书以中央环境保护治理工作重点、京津冀地区生态环境保护“十三五”规划、京津冀地区环境现状为参考依据，对京津冀地区的环境保护重点项目进行梳理（表 7-1）。

表 7-1 京津冀地区环境保护重点项目识别

重点领域	项目类别	重点工程项目	重点区域		
			河北	北京	天津
大气污染治理	工业污染治理	钢铁、化工等重点行业脱硫、脱硝、除尘、提标改造	√		√
		挥发性有机物综合治理	√		√
		钢铁、水泥、电力、玻璃四大行业全行业覆盖治理	√		
		重大污染企业搬迁	√	√	√
		重点区域“小、散、乱、污”企业清理整治	√	√	√
		燃煤电厂超低排放改造			√
		燃气锅炉低氮燃烧脱硝改造		√	√

重点领域	项目类别	重点工程项目	重点区域		
			河北	北京	天津
大气污染治理	能源结构调整	淘汰分散小型燃煤锅炉	√		√
		散煤治理，包括“煤改气”“煤改电”“煤改地热”“煤改太阳能”等工程建设	√	√	√
		建设热力和燃气管网，提高集中供热率	√		
	移动源污染治理	淘汰高排放车辆	√	√	√
		提升新能源汽车在新增机动车中的占比	√	√	√
		高排放重型柴油货车颗粒物捕集器安装		√	√
		道路车辆尾气排放遥感监测	√	√	√
		机动车环保监管系统建设	√		
		船舶大气污染治理			√
	环保技术升级及产业发展	石化行业实施泄漏检测修复技术改造	√	√	
		加强各类设施运行维护		√	
		升级汽车制造、印刷等行业的生产工艺和喷涂设备		√	
		有机废气密闭收集和深度治理		√	
		非溶剂型涂料产品创新	√		
		新能源产业发展：新能源发电、天然气储备管网建设，风电、地热、太阳能、沼气发电厂、清洁能源替代，液态天然气储备站建设	√		
	面源污染防治	施工及道路扬尘治理		√	
		露天矿山扬尘治理，料场扬尘治理	√		
水污染治理	饮用水安全保障	建设缓冲带、隔离带，建设备用或应急水源地	√	√	√
		工业企业搬迁清理	√	√	√
		水源井地理界标和警示标志设置			√
	重污染河流综合整治	水生态系统修复，包括水质改善、水环境综合整治、河道生态修复等	√	√	√
	提升污水处理能力	新（改、扩）建污水处理厂	√	√	√
		新建再生水供水管网，提高再生水利用率			√
		黑臭水体综合整治			√
		规范污泥处理，实施现有污泥处理设施达标改造			√
	地下水污染防治	石化生产、存储、销售企业和工业园区、矿山开采区、垃圾填埋场等区域采取必要措施，加强防渗处理	√		√
	工业废水治理	取缔严重污染企业，包括不符合产业政策的造纸、印染等严重污染水环境的生产项目	√		√
	环保技术升级	园区循环化改造，污泥、污水处理等方面技术提升	√		
土壤污染治理	土壤污染状况调查	开展土壤污染详查，实现土壤环境质量监测全覆盖	√	√	√
		建立土壤环境基础数据库，建设完成土壤环境信息化管理平台			√
	土壤污染治理修复	选取重点行业污染地块，推动开展试点修复	√	√	√

重点领域	项目类别	重点工程项目	重点区域		
			河北	北京	天津
生态保护与生态建设	湿地保护与修复	湿地修复保护工程	√	√	√
		湿地公园布局与建设		√	√
	海洋生态环境保护	海洋生物资源数据库建设			√
		海域海岸带生态整治修复	√		√
		海洋牧场、人工鱼礁建设工程			√
		海洋环境监测站建设			√
	森林生态系统保护	京津风沙源治理，重点防护林建设（“三北”防护林、沿海防护林、农田防护林、沿坝防护林等）	√	√	√
		生态绿廊建设（城郊绿地建设，沿轨道、沿公路、沿河道绿地建设等）	√	√	√
		荒山造林增绿	√	√	
		扩建生态林场	√		
	生态退化区域修复	山体修复（矿山创面修复、尾矿库整治等）	√		√
	生态产品供给	国家公园、城市公园等布局建设	√	√	√
	生物多样性保护	古树名木保护（普查、对濒危古树名木进行抢救性修护等）			√
		建立外来物种监测和预警体系，开展危害严重的外来入侵物种的清除			√

根据表 7-1 可知，京津冀地区的环保工作重点领域存在一致性，主要集中在大气污染治理、水污染治理、土壤污染治理、生态保护与建设四大领域，与我国当前的环保重点工作方向一致。共性来源于 3 个省（市）的规划编制都是以国家规划及专项行动计划为纲领性文件，许多项目工程是为达到环境质量改善，全国各省（市）都应该实施的，如河北省、北京市、天津市的生态环保规划都将散煤治理列入重点工程。

京、津、冀三地环保项目既有共性，也存在差异。由于 3 个省（市）在项目设置时充分考虑当地环境特点、产业特点、重点工作完成度等多方面因素，因地制宜地设置出符合当地环保实际需求的项目，如天津由于地理位置原因，将船舶大气污染、海洋环境保护等列入重点项目。

大气污染治理项目占比相对较多，河北省尤其明显。大气污染一直是京津冀地区的首要环境问题，《大气污染防治行动计划》实施以来，京津冀地区空气质量有所改善，2016 年京津冀地区细颗粒物（$PM_{2.5}$）年均浓度比 2013 年下降 30%左右，但从总体上看，季节间、区域间不平衡问题非常明显，京津冀区域完成空气质量改善目标仍面临巨大压力①。

北京市在部分重点项目上完成度较高，已拓展出新的项目工程。以淘汰分散小型燃煤锅炉为例，截至2016年年底，北京市共淘汰了2.44万蒸吨燃煤锅炉②，基本实现了核心区、城六区和通州区“无燃煤锅炉”，在该项目上，北京已走在京津冀的前列。因此在大气污染治理领域，北京市已将重点项目拓展到环保技术及产业升级方面，这也是未来天津市、河北省应当考虑的重点项目。

7.1.2 专项资金支持的环保项目

京津冀地区的专项资金在投入时需要充分考虑京津冀地区环保工作的实际需求，即确保资金投向京津冀地区当前资金缺口较大且亟须解决的环境问题。为对当前治理任务紧迫、实施难度较大的项目进一步进行甄别，需对重点领域的专项资金使用情况、重点项目的具体实施情况进行研究。自2013年《大气污染防治行动计划》实施及大气污染防治专项资金设立以来，京津冀地区在大气污染防治领域已取得一定成效，因此选择大气污染防治领域项目进行重点分析。

（1）总体情况

京、津、冀三地在使用大气污染防治专项资金时，都以重点领域为投向依据，但资金的具体划分情况及项目选择有所差别。北京市自2013年以来，以解决固定式燃烧源污染问题为重点，大规模开展了燃煤锅炉清洁能源改造、燃气锅炉低氮改造、民用散煤清洁能源替代等工程性减排工作；2016—2017年，北京市投入大笔资金对农村地区800多个村（镇）实施煤改气（电）工程，此外根据2017年北京市设立的“清煤降氮”工作目标，专项资金对燃气锅炉低氮改造进行重点支持。

天津市根据其重点工作安排，专项资金主要用于为燃煤锅炉改燃并网、“小工厂、小作坊、小餐饮”燃煤污染治理清洁能源替代、工业堆场治理、餐饮油烟治理、挥发性有机物污染控制、机动车及船舶污染防治等项目的实施提供相应补贴，此外为脱硫脱硝类企业治理项目提供一定比例的资金补助。

河北省对于专项资金的分配，每年略有不同：2014年资金主要用于秸秆能源化利用、

---

① 郄建荣. 京津冀完成大气质量目标压力巨大. 法制日报，http：//www.legaldaily.com.cn/index/ content/2017-07/10/content_7237093.htm？node=20908。

② 王薇. 自2012年以来北京市共淘汰2.44万蒸吨燃煤锅炉. 人民网，http：//bj.people.com.cn/ n2/2017/0621/c82837-30355996.html。

农村及城市周边散煤替代、黄标车淘汰、新能源汽车推广、化解钢铁产能、四大行业减排、脱硫脱硝除尘治理、淘汰燃煤锅炉等方面；2015 年资金主要用于散煤替代、燃煤锅炉改造、燃煤发电机组超低排放、燃煤锅炉淘汰等方面；2016 年资金主要用于燃煤锅炉淘汰、挥发性有机物治理、新能源车推广、散煤压减替代（含电代煤、气代煤）、炉具推广、焦炉拆除、露天矿山污染整治等方面①。

（2）调研城市情况

为详细了解地方对环保专项资金的具体使用情况，研究团队考察了河北省邢台市 2015 年大气污染防治专项资金使用情况。2015 年，河北省下达邢台市专项资金主要用于 10 类共计 40 个大气污染治理工程项目，主要用于企业的脱硫、脱硝及除尘等提标改造，部分用于当地面源污染治理（扬尘治理），对拆除锅炉、散煤治理、煤改气等能源结构调整相关项目投入较小，移动源污染治理项目仅充电桩建设有所投入（图 7-1）。

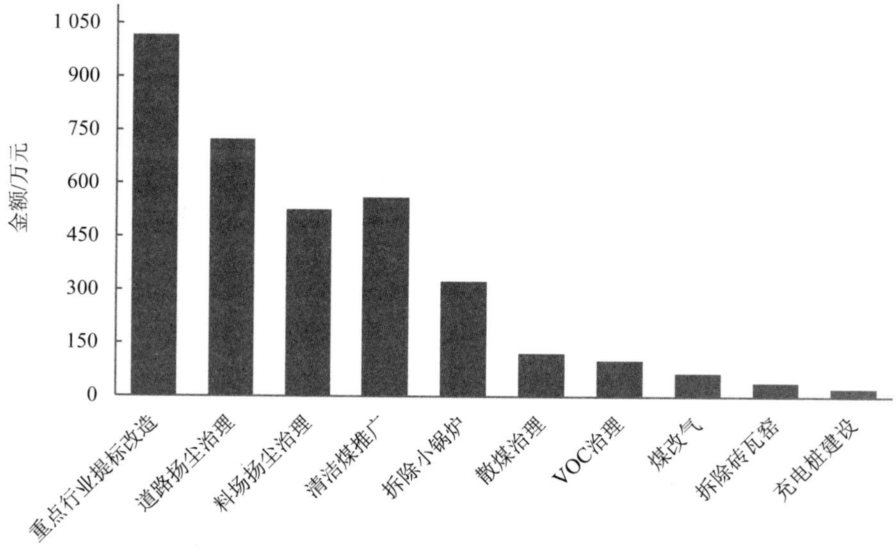

图 7-1 邢台市大气污染防治专项资金使用情况

数据来源：邢台市环境保护局。

根据实地考察及调研情况反馈，上述项目的实施为邢台市大气污染治理取得了部分成效，但邢台市的大气污染防治任务仍然艰巨，主要困难来自资金缺口巨大，上级下达的专项资金远不能满足大气污染防治工作需要，市财政也无法提供更多资金支持。截至 2017

① 河北省资金分配情况根据调研时的资料收集而来，河北省环境保护厅厅函，冀环科〔2016〕1292 号。

年 3 月，邢台市居民“煤改气”补贴缺口 9 亿元，拆锅炉补贴缺口 4 亿元，工业企业治理补贴缺口 2 亿元，工业企业搬迁补贴缺口 10 亿元，新能源公交车购置补贴缺口 2.45 亿元，共计需要 27.45 亿元。

此外，调研团队还对河北省邯郸市进行了走访调研。自 2013 年《大气污染防治行动计划》实施以来，河北省邯郸市重点进行燃煤锅炉改造和关停取缔重污染小企业相关工作。其专项资金在使用中，主要用于主城区城中村“煤改气”工程、燃煤电厂超低排放改造、重点企业治理、关停取缔实心黏土砖瓦窑等项目，确保优先推进重点工程实施。调研过程中，邯郸市除对重点工程保持关注外，还高度重视环保产业发展情况，在探讨当地资金需求时主动提出希望一部分资金用于扶持环保产业发展，对京津冀环保专项基金的投资方向具体提出以下重点领域：集中供热项目、工业企业大气污染治理项目、新能源产业项目、节能减排项目、与节能及可再生能源相关的新兴产业。

综上所述，将邢台、邯郸两地的重点工作安排及专项资金投向的实际情况与河北省大气污染治理重点进行比照，可看出河北省在专项资金的投向上，与重点治理领域基本一致，但投入力度仍不能满足实际需求。当前，河北省大气污染防治已经进入深水区和攻坚期，工作推进难度不断加大，产业结构调整涉及人员安置补偿、债务资产清算等诸多问题，推进禁煤区和城市主城区“电代煤”“气代煤”需要一次性投入和用气、用电持续补贴，虽然大气污染防治专项资金对河北给予了倾斜支持，但仍存在较大缺口，影响工作深入推进，仅靠专项资金支持远不能完成目标任务，亟须继续加大倾斜支持力度①。

（3）主要问题

根据京津冀重点领域专项资金总体使用情况以及对调研城市的实际考察，目前环保专项资金在使用中仍存在一定的问题。

资金投入面广但投入量不足。专项资金在使用过程中，重点项目工程基本都有所涵盖，但各个项目都存在资金缺口。例如，河北省自 2014 年以来对专项资金的分配几乎涵盖了包括脱硫脱硝除尘治理、淘汰燃煤锅炉、黄标车淘汰、挥发性有机物治理等当前大气污染治理的全部重点项目，但目前几乎每个重点项目都存在较大的资金需求。

大气污染治理项目仍需重点支持。《大气污染防治行动计划》自 2013 年起实施，虽污染防治工作取得了一定成效，但京津冀地区大气污染形势依然严峻。2016 年，河北省仍有 6 个城市排在 74 个重点城市后 10 位，大气环境质量未得到根本改善，工业企业超标排放、

① 河北省 2016 年大气污染防治工作总结和 2017 年工作计划，河北省环境保护厅，http：//www.hebhb.gov.cn/ root8/auto454/201703/t20170310_53036.html。

工地道路物料扬尘、重型柴油车污染及劣质油品、秸秆垃圾露天焚烧等问题仍未彻底解决。“任务重、资金缺口大”是当前大气污染治理项目的主要特点，如截至 2017 年 3 月，邢台市大气污染治理资金需求达 27.45 亿元，但根据其 2015 年仅获得省级下放专项资金 3 505 万元来看，治理资金缺口巨大。

对环保产业发展的资金支持力度不足。当前的资金使用仍主要集中在污染治理方面，对技术研发、科技创新投入不足，不利于环保产业发展。如邯郸市由于投入不足，致使其环保产品标准化、系列化水平较低，产品主要技术开发能力弱，开发周期长，科技成果转化为生产力能力较差，不具备明显竞争优势。

7.1.3 主要结论

首先，大气污染治理和环保产业发展及环保技术改进类项目是当前资金投向的重点。对京津冀地区的生态环保项目进行梳理分析后发现，当前大气污染治理类项目占比相对较高，大气污染一直是京津冀地区的首要环境问题，考虑京津冀地区的主要环境污染特点，京津冀生态环保基金在使用时应增加对大气污染治理类项目的投入。其次，环保产业发展及环保技术改进类项目虽占比不高，但各个重点领域的污染治理都有利于推动相关环保产业的发展，如清洁能源的使用、燃煤电厂超低排放改造、工业土壤用地修复治理等，而对环保产业的投入既是对重点污染治理项目顺利推动的保障，又能够调动社会参与的积极性，还可通过环保技术及设备的推广获取一定的经济效益，该类项目同时满足激励性及迫切性原则，未来发展潜力巨大，基金在使用时应对环保产业发展及环保技术改进类项目予以一定支持。

优先考虑将资金投向河北省的污染治理项目。京津冀地区对于不同生态环保类项目的完成度可以为基金的投向使用提供依据，结合 7.1.2 节梳理的京津冀环保项目区域特征，即北京市的部分项目完成度较高、天津市的部分项目地域特征明显、河北省的大气污染和水污染治理类项目数量最多，基金在投入时应优先考虑河北省的污染治理类项目。考虑河北省围绕京津，承担着京津“生态护城河”的重要职责①，在京津冀地区污染治理任务最重，京津冀生态环保基金在使用中应对河北省给予一定倾斜。

① 河北省 2016 年大气污染防治工作总结和 2017 年工作计划，河北省环境保护厅，http：//www.hebhb.gov.cn/ root8/ auto454/201703/t20170310_53036.html。

7.2 京津冀生态环保基金项目选择设计

7.2.1 经验借鉴

（1）国际机构资金

国际机构对项目资金的使用已经形成一套相对成熟、完善的体系。如亚洲开发银行（以下简称亚行）、世界银行（以下简称世行）对其贷款项目的选择都有自己严格的评定体系，能够有效帮助其判定合适的资金使用方向。虽然不同领域的项目选择判定标准不一，但上述两家国际机构对于项目选取的通用原则存在很多共同点，如重视项目管理进程、对项目材料要求细致完善、强调信息公开等。

世行对贷款项目有非常严格的评估程序与体系，其项目评估的主要依据是借款人在项目准备阶段所完成的各种材料，如可行性研究报告、项目实施计划、项目运行计划、环境影响评价报告、移民安置规划报告等。世行对项目的评估往往要进行多次实地考察，以全面、系统地评审项目的各个方面。根据已有研究，世行对项目的评审与检查主要集中在技术、机构、经济、财务、环境与社会六个方面[①]（表 7-2）。

表 7-2 世界银行对项目评审的主要方向

评价方向	具体要求
技术方面	项目需设计合理，工艺处理得当，符合一般公认标准。通过工程设施规模、选址、具体布局、拟采用设备及运行方式等进行技术评估。此外，工程项目费用的合理程度为审查重点，包括估算费用是否为潜在风险留有余地、采购工作是否合规、工程监理等工作是否妥善安排等
机构方面	执行机构需具备合理的内部组织机构，具备一定水平并能够胜任工作的管理人员及一线人员、合格的技术人员、必要的培训设施、有效的信息交流渠道及与本国相关部门良好的协作关系，具备在项目管理中使用科学有效的方法、在必要情况下改变项目及实施内容的能力等
经济方面	综合考虑项目实施对国民经济产生的影响，包括宏观角度分析项目可能产生的贡献、可能耗用的社会有用资源、运用经济效益费用比等指标评价项目优劣等
财务方面	借款国需拟订具体的项目资金安排计划以供审查。对于盈利性项目，还需评估项目单位是否能偿还所有债务，包括世行贷款的本息、是否有足够的流动资金、是否能利用其内部资产增值等

① 孙进海. 世界银行贷款项目评估体系研究[J]. 商，2013（9）：111。

评价方向	具体要求
环境方面	项目是否合理利用自然资源，有无过度开发造成水土流失、土地荒漠化等生态恶化问题，工农业生产造成的废物排放是否超过环境的自净能力而引发环境污染问题等
社会方面	项目对移民、社会就业、妇女及少数民族权益、人民生活状况、公众参与、社会组织、区域平衡发展等带来的影响

从表 7-2 中可以看出，世行对项目筛选的程序相当规范，涵盖内容广，相对来说，要求也就更高，对项目选取的各个方面都做出更为细化的审查依据，尤其对执行机构的管理体系要求较为严格，强调通过项目实施帮助借款国建立完善的项目管理体系，其完整的项目评估体系具有重要借鉴意义。

亚行对项目的绩效管理拥有一套完善系统，主要包括五个组成部分：项目设计与检测框架、项目执行（实施）机构的监测和评价、项目绩效报告、项目完工报告、项目绩效评价报告[①]，其中项目设计与检测框架经过持续改进，已成为有效的管理工具，用于帮助工作人员明确目标、建立共识，是项目设计、实施和评估之间的核心，也是亚行项目绩效管理体系的基础。此外，亚行在整体的绩效评价体系中，基于项目绩效的内涵，设定了相关性、效率、效果、可持续性四个准则作为绩效评价框架，并在此之下建立了相关的评价问题（表 7-3）。

表 7-3 亚洲开发银行项目的评价准则

评价准则	评价问题
相关性	项目目标是否符合中国的发展政策和(或)优先重点以及国际金融组织对中国的援助战略？项目是否针对中国或地方的实际问题和需求？
效率	项目是否按计划周期实施并完工？项目是否按计划资金预算实施？项目是否实现了预期产出？项目完工后是否达到了预期的经济内部收益率？
效果	项目是否实现了预期目标？项目的实际受益群体是否达到了预计的目标收益群体数量？
可持续性	项目的管理和（或）运行机构的设置、人力资源、经费能否满足项目持续运行的需要？项目的产出能否得到持续的维护和利用？项目运行以来的政策、制度能否得到持续的实施？项目贷款能否按时偿还？

虽然该框架是针对整个项目的绩效评价，涵盖了项目设计与准备、项目实施、项目完工后的各个阶段，但其评价项目的部分原则也可为项目的筛选与评定提供借鉴。如从相关性与可持续性两方面进行评价，项目目标符合国内政策发展的重点是项目成立的根本依据，而项目的管理包括机构设置及人员配置、保障项目运行的政策制度可持续实施等，都可在

① 宋玲玲，程亮，孙宁. 亚洲开发银行贷款项目绩效管理经验与启示[J]. 中国工程咨询，2014（10）：54-56。

项目设计之初作为筛选依据。

参考世行、亚行的项目评估体系，国际机构对项目筛选的通用依据主要是从项目是否符合所在国相关优先发展政策、设计是否合规、项目建设是否达标、执行机构是否具备相应资质、财务安排是否合理五个方面对项目进行评价。京津冀生态环保基金在项目选择过程中，也可以借鉴相关评价标准。

（2）国内专项资金

国内专项资金在使用时往往将项目是否属于规划文件划定的重点工作作为必要条件之一。中央设立的专项资金在使用中明确强调以国家政策为导向，投入方向以国家明确的重点工作任务为首要依据。例如，大气污染防治专项资金是用于促进大气环境质量改善、支持地方开展大气污染防治工作的专项资金，《关于加强大气污染防治专项资金管理提高使用绩效的通知》提出资金安排应向重点治理任务倾斜，要求各地按照轻重缓急安排专项资金，优先保障国家确定的重点治理任务，同时因地制宜地保障好省级政府确定的重点工作。此外，《大气污染防治专项资金管理办法》提出该资金在使用中要突出重点，主要支持大气污染防治任务重、社会关注度高的地区。水污染防治专项资金是用于支持水污染防治和水生态环境保护的资金。《水污染防治专项资金管理办法》规定了专项资金重点支持的范围，主要包括重点流域水污染防治，水质较好江河湖泊生态环境保护，饮用水水源地环境保护，地下水环境保护及污染修复，城市黑臭水体整治，跨界、跨省河流水环境保护和治理，国土江河综合整治试点等。中国政府和社会资本合作（PPP）融资支持基金是用于支持公共服务领域 PPP 项目发展、提高项目融资可获得性而设立的基金。该基金在投资时的重要参照依据是投资项目需列入国家项目库，是否属于国家重大项目往往是我国基金在项目筛选时的决定性要素。

京津冀生态环保基金的设立，是为了填补京津冀地区生态环保建设的资金缺口，同样是以国家政策为导向，在项目投入时也应以国家及地方相关规划政策为首要依据，服务于生态环保重点工作。

（3）地方环保基金

地方环保基金在使用过程中，通常优先考虑自身实际需求，将资金优先投入资金缺口较大、环境问题亟待解决的领域，即各地方政府结合自身区域特点找出亟须解决的历史遗留问题，多数为公共环境问题。2016 年年初，内蒙古自治区政府发布《内蒙古自治区环保基金设立方案》，探索推行地区环保基金。该方案明确规定基金投向用于解决政府职责范围内的公共环境问题，如城镇污水处理厂新建和提标改造、城镇雨污分流管网配套建设、城镇生活垃圾无害化处理和综合治理利用、工业园区环境综合整治等社会环境公益项目，这些项目既是环境欠账形成的，也是当地政府亟须补“短板”的工程。2017 年 7 月，中国华融旗下华融天泽投资有限公司（以下简称华融天泽）与江苏省政府投资基金共同发起设立了江苏省生态环保发展基金，主要用于危险化学品搬迁、水环境治理、生态修复保护等江苏省“263”专项行动项目的投资、融资，重点用于处理当地的环境“旧账”。此外，地方环保基金鼓励将资金用于新技术的开发，以此推动环保产业发展。与单纯的污染治理项目相比，环保产业发展更易于调动企业的积极性，能够有效激励企业发展。上海市浦东新区为推进该区域环境保护和环境建设，于 2006 年设立了浦东新区环境保护基金，该基金的主要用途之一即是投入环保新技术的研究、开发、运用，包括环保新技术、新产品研发，环保新技术运用，环保新产品应用等。《浦东新区环境保护基金实施细则》明确规定“环保新技术的研究、开发、运用”是指“环保新技术的开发研究、中试及新技术、新产品的成果推广运用，如：清洁能源替代、废物减量化、资源化、无害化、减排并具有自主创新研究、应用示范和产业化发展的环保科技项目等”。该基金对环保产业的支持旨在更好地激励相关企业推动相关技术提升，形成良好的社会效益。

京津冀生态环保基金在实际投资过程中，同样应当因地制宜，充分了解三地的资金需求，摸清资金缺口较大、当前亟待实施的环境治理项目，对已获得其他财政资金或专项资金支持的项目不再予以投入。

7.2.2 生态环保类项目选择

京津冀生态环保基金使用时应遵循“环保效益优先、三地共同受益、使用效果最大化”的原则对项目进行选择。为了更好地选择京津冀生态环保基金支持的项目，本书结合国内外相关机构及管理部门对生态环保类项目选择的经验，提出如下技术流程（图 7-2）：对于京津冀地区的生态环保类备选项目，首先根据相应条件进行初步筛选，确保其属于京津冀生态环保基金支持的重点项目，其后按照针对具体项目的审核标准，对具体项目进行审核，合格后进入公示等后续流程。

其中筛选条件是根据各类专项资金对京津冀地区生态环保类项目的具体支持情况，以及京津冀地区的实际需求，结合国内专项资金及地方基金的管理使用方法等确定，包括四项必要条件（项目必须满足的）和三项优先条件（可视项目的具体情况进行优先选择）。

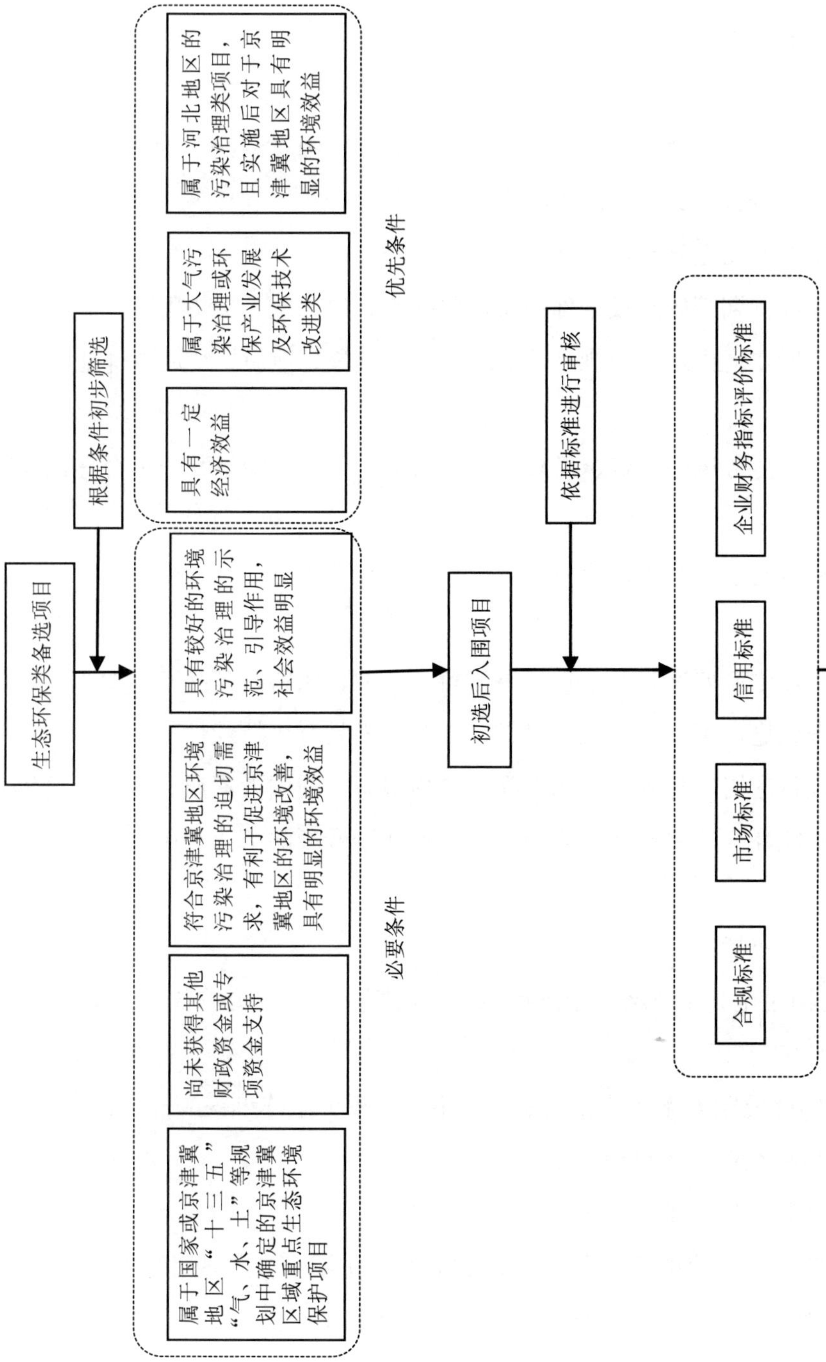

图 7-2 京津冀生态环保基金支持的重点项目选择流程

审核标准根据国际机构对项目选择的通用原则，结合国内生态环保类项目审核的实施办法，制定京津冀生态环保基金项目审核标准，主要包括合规标准、市场标准、信用标准、企业财务指标评价标准四方面。

（1）合规标准

①项目设立的目的充分，背景清晰，项目建设的必要性阐述清楚明确。

②项目业主和项目符合相关行业准入标准。

③项目建设方案经过比选确定，方案合理可靠。

④项目建设期和经营期基础建设条件齐备，包括水、电、气、热力等。

⑤项目选址符合所在地土地利用规划，场址所在地气象、地质、交通条件能满足生产需要。

⑥项目主要风险（财务风险、资金风险、工程风险、环境风险等）分析合理，并制定了相关风险防范措施。

⑦项目投资构成合理、无漏项，投资估算合理。

（2）市场标准

①项目经营期所需生产要素齐备，包括原材料、动力、燃料、备品备件等。

②项目技术合理先进，工艺较为成熟可靠，工艺技术具有可持续性。

③工艺技术与项目应用的外界条件相匹配（包括资源、使用者素质、区域环境等）。

④项目工艺技术能耗合理，对环境影响较小，有利于资源的节约利用。

（3）信用标准

①企业管理良好。包括：

a. 企业治理结构规范，股东结构清晰，各企业高层从业经历较长，具有一定的行业经验；

b. 主要股东或实际控制人无违法违约信息，不存在重大法律诉讼等问题；

c. 经征询查询后，企业无不良信用记录。

②企业信用评价良好。包括：

a. 全国性主要商业银行地市级（含）以上支行授予的 A 级以上信用等级；

b. 第三方会计师事务所出具的项目业主无拖欠贷款等不良信用记录的证明函；

c. 专业企业信用评价机构出具的企业信用良好证明；

d. 其他公信力较强的信用证明。

（4）企业财务指标评价标准

①企业财务状况。重点评价能够反映企业最近3年的短期偿债能力、长期偿债能力和盈利能力3个方面的指标。对于既有企业，各方面的财务指标应当总体优于国务院国资委财务监督与考核评价局编写的《企业绩效评价标准值》中所列明的同期同行业均值。当某一指标的实际值与同期同行业均值存在偏差时，如项目企业提供的解释合理，且能够证实这一偏差不会实质性影响项目企业的生产经营活动或偿还债务能力，则可认为该指标达到基金的评价标准。

②项目经济性。重点关注项目的税后投资内部收益率，同时兼顾项目的投资回收期。

7.2.3　重点支持项目示例

为进一步说明基金对项目的选择依据，本书根据中国PPP服务平台发布的公开信息，以河北省邢台市的充电基础设施项目为例进行分析说明。该项目为河北省邢台市充电基础设施项目，概算总投资1.53亿元，根据规划部门总体规划，计划建设电动汽车充电站123座，新增罩棚7 280 m^2、站房676 m^2，安装充电机1 610台、变压器123台，配套供水、消防安全、环卫等设施。项目建成投产后预计年充电规模7 207.92万kW·h，具备一定的经济效益。依据筛选条件，该项目属于我国“十三五”规划及《大气污染防治行动计划》中大气污染治理的“移动源污染治理”类重点项目，在国家及地方规划中都有据可查；现假设该项目尚未获得其他财政或专项资金支持，根据其项目描述，该项目投入建成后可有效促进新能源汽车在道路交通中的占比，减少移动源污染，具备明显的环境效益；充电站建成后，可大大提高电动车充电的便利度，促进居民使用电动车的积极性，具备一定的示范和引导作用，具备一定的社会效益。该项目符合条件筛选的四项必要条件，此外，该项目具备一定的经济收益，属于河北省大气污染治理及新能源类项目，充分满足三项优先条件，具备进入审核阶段的资格。满足各项审核标准后即确定为基金支持项目。

7.3　京津冀生态环保基金使用方式

7.3.1　基金使用一般方式

（1）贷款

低息或无息贷款方式是指以低于当期中国人民银行发布的中长期贷款基准利率向环

保项目提供资金支持，依据项目类型和贷款规模等灵活设定利率和还款期限。该方式不仅可以提高资金的使用效率，而且有利于基金的增值。贷款既可用于公益类项目，也适用于盈利类项目，属于较为普遍的基金使用方式。如中国清洁发展机制基金的贷款项目对于公益类和盈利类环保项目都有涵盖。该基金2013 年为天津市滨海新区大港垃圾焚烧发电厂项目提供 6 500 万元清洁基金贷款，贷款额度为项目总投资的 10%，其贷款利率为同期中国人民银行指导利率下浮 15%，贷款期限为 3 年。由于该项目具备一定的盈利性，因此可通过垃圾发电厂的运营偿还相应贷款及利息。对于纯公益类环保项目，贷款同样可以作为良好的使用方式。该基金2012 年为湖南省襄阳市公共交通总公司的新能源城市公交建设项目贷款 6 800 万元，贷款额度为项目总投资的 30%，还款期限为 3 年，主要用于购置新能源公共汽车，投入城市交通客运中。该项目属于纯公益项目，基本不具备盈利能力，因此还款来源为财政资金。可见，贷款对于公益类和盈利类的项目具有普遍适用的优势。

（2）融资担保

基金可采取融资性担保方式为环保项目提供资金支持，担保服务过程中收取适当的担保服务费作为基金收益回流基金，实现基金的增值。融资担保主要分为贷款担保和租赁担保两种。

①贷款担保是指基金为难以直接申请到银行贷款的中小企业在放款人（商业银行等金融机构）面前提供第三方保证，确保借款人未按借款合同约定的期限还本付息时，负责支付借款人应付而未付的本金和利息。融资担保模式通常用于盈利性较低的公益性项目。上海中小微企业政策性融资担保基金于2016 年设立，该基金坚持“政策性、公益性、非盈利性”的功能定位，主要为符合国家及上海市政策导向的创新型、节能环保型、现代服务业等领域的中小微企业提供融资性担保服务。该基金通过与相关银行合作，大大简化了相关程序，为中小企业办理担保手续提供便利。

②租赁担保是指基金为企业的设备租赁业务提供担保，向出租人保证，当承租人未按照租赁合同规定的期限给付租金时，由担保人代为给付。该形式适合需要大量适用设备的中小企业或第三方治理公司，不仅可减少其一次性固定资产投资，而且不需要设备、厂房抵押，在理财及节税等方面具有诸多优势。综合来看，融资担保可作为污染治理项目的基金使用方式之一。

（3）股权投资

股权投资是指基金通过设立、增值扩股和受让股权等权益性投资形式，依法开展有利于产生环境效益活动的行为。以中国清洁发展机制基金为例，基金以股权投资方式支持项目的，不得对投资对象控股，基金所持股份一般不得超过企业总股本的 25%。如需增持并使所持股份超过 25%的，应当事先报请基金审核理事会审核。2012 年，清洁发展机制基金与北京国联能源产业投资基金合作，以有限合伙方式出资 6 800 万元入股北京国联能源产业投资基金，共同投资开展西气东输二线项目，撬动社会资金近 190 亿元。这次与大型国企的股权合作，是清洁基金在依托财政系统开展委托贷款业务之外开展的一次市场化运作的有益尝试，对于加快基金的市场化过渡，进一步推动基金的健康、可持续发展有着重要意义。股权投资通常用于具备一定收益回报的项目，如环保产业发展项目等。

（4）补贴或奖励

补贴或奖励是指基金对支持的项目进行无偿补助，各类项目的补贴及奖励标准视具体项目而定，属于各类环保基金中常见的使用形式。其优势在于资金使用程序简化，对于小型项目效果直接，易于调动小型企业污染治理的积极性。以上海浦东新区环境保护基金为例，该基金对污染治理及环保产业项目都设置了相应的补贴标准，如燃煤锅炉清洁能源替代按每蒸吨 4 万元进行一次性补贴，对环保新技术、新产品推广运用项目按照工程总投资的 30%进行补贴（补贴总额最高不超过 300 万元）；此外该基金还对部分项目设立了奖励标准，如创建国家级生态工业园区一次性奖励 10 万元，建成国家级环境友好企业一次性奖励 10 万元等。此外，近年来天津也在专项资金的使用上积极采取“以奖代补、以奖促治”的补贴方式，如 2016 年重点对燃煤污染控制、扬尘污染治理、工业污染治理、机动车污染防治、环境监管预警体系建设等方面进行补助，设置了工业堆场扬尘封闭治理项目按照建筑面积，以 240 元/m^2 进行补助，在线监测装置按照数量，以每台（套）补助 8 万元进行补助等各类补助标准。补贴或奖励通常用于环境效益较高但经济效益不明显的项目，为废弃电器电子产品处理、黄标车淘汰、扬尘治理等纯公益类项目提供支持。

（5）赠款

除上述方式外，国内外许多基金还会采用赠款的方式支持环境效益明显的公益性项目。以全球环境基金为例，该基金自设立以来在全球范围内为生物多样性保护、淘汰持久性有机污染物、森林保护、水环境治理、土壤污染防治、节能减排等多个生态环保项目提供赠款。2009 年，全球环境基金为广州绿色货运项目提供 420 万美元的赠款，该项目总投资 1 397 万美元，其余部分为广东省配套资金 236.5 万美元，企业投资 740.5 万美元。该项目旨在通过对在用车辆进行技术改造、对现有司机进行节能驾驶培训、新车购置、搭建物流平台等方式实现货运减排，预计实现比项目基年（2009 年）减排 13 万 t CO_2 的目标[①]。该项目为移动源污染治理，基本属于纯公益性项目，全球环境基金的赠款注入，为项目实施提供了有效支持。此外，中国清洁发展机制基金同样通过赠款方式支持有利于加强应对气候变化能力建设和提高公众应对气候变化意识的相关活动。截至 2015 年 12 月 31 日，该基金已累计安排 11.25 亿元赠款资金，支持 522 个赠款项目，涉及国家和地方层面的应对气候变化与低碳发展政策研究、地方低碳发展、能力建设和提高公众意识等工作。

7.3.2 生态环保类项目的特点

（1）公益性强

生态环保类项目涉及污染治理、生态环境修复等多个方面，具体包括大气污染治理、水污染治理、土壤污染防治、生态环境保护、生物多样性保护、环保产业发展等多种类型项目，以国家重点环境治理项目为优先，以改善环境质量为根本目的，具有广泛的社会效益，符合公众的最大利益。以大气污染治理项目为例，《大气污染防治行动计划》（以下简称“大气十条”）明确划分了当前我国大气污染治理的重点领域和重点项目，随着各个项目的有序实施，全国城市的空气质量状况有所改善。根据环境保护部发布的《〈大气污染防治行动的计划〉实施情况中期评估报告》，自“大气十条”实施以来，全国 $PM_{2.5}$、PM_{10}、二氧化氮（NO_2）、二氧化硫（SO_2）和一氧化碳（CO）年均浓度和超标率均逐年下降，大多数城市重污染天数减少[②]。就具体项目而言，如河北广玉淀粉糖业有限公司自 2015 年进行锅炉烟气深化治理工程以来，随着烟气脱硫脱硝系统及除尘设备的配套建设，已切实有效地削减了污染物排放总量，年削减烟尘 40 t 左右，削减二氧化硫 73 t 左右，削减二氧化氮 107 t 左右[③]。

（2）盈利性弱

生态环保类项目普遍盈利性较弱。以大气污染治理领域的烟气脱硝行业为例，选择性催化还原（SCR）技术为大容量火电机组烟气脱硝项目的主体技术，基于此主体技术，脱硝设备固定资产投资区间为 4 000 万～8 600 万元，年运行成本区间为 1 000 万～3 000 万元/年。300 MW 和 600 MW 两个级别的烟气脱硝设施投资项目的内部收益率分别为−3%和 14%[④]。

① 广东省交通运输厅. 全球环境基金赠款：广东省绿色货运示范项目简报. 2012，12。

②《大气污染防治行动计划》实施情况中期评估报告，中国政府网，http：//www.gov.cn/xinwen/2016-07/06/content-5088795.htm。

③ 数据来源：邢台市环境保护局。

④ 蓝虹. 大气污染治理的投融资机制研究[M]. 北京：中国金融出版社，2018。

（3）周期性长

生态环保类项目往往具有很长的周期性。由于项目涉及领域广，同类项目往往涉及不同的技术路线，以水环境保护为例，具体包括饮用水保护、市政污水处理、农村污水处理、流域环境综合整治、湖泊环境保护、地下水污染防治等项目类型，其环境标准与实施技术路线均存在较大差异。此外，如土壤修复、水环境治理等本身就需要较长的治理时间，加上许多综合治理项目包括多个领域或多种工程，因此生态环保基金项目都具有一定的长期性。以广东省农业面源污染治理项目为例，该项目是国内首个利用世行贷款实施农业面源污染治理的项目，主要包括农田污染治理、牲畜废物管理、减少水体污染等，2014 年启动，建设期为 5 年，第 6 年起还贷，还贷期为 20 年。项目启动 3 年来已取得部分阶段性成果，但后期仍有多项工程需要实施。

7.3.3 京津冀生态环保项目类别划分

生态环保类项目虽然普遍具备公益性强、周期性长、盈利性弱的特点，但各个具体项目能够产生的经济效益仍有不同。根据中国人民大学研究团队的测算，对于烟气除尘项目，若不考虑烟气排污费的削减带来的收益时，则收益率为负值，当计算烟气排污费的削减收益时，安装除尘设备的收益较大；而对于烟气脱硫项目，若使用石灰石—石膏脱硫技术（目前我国燃煤电厂控制 SO_2 气体排放应用最广的技术），则 2×660 MW 级别的脱硫设施投资的内部收益率为 9%左右；对于挥发性有机物综合治理中的监测项目，一般收益率根据各地差异在 8%～10%；对于“煤改气”项目，以北京市某燃煤锅炉改造项目为例，将原有燃煤锅炉改造为 3 台 14 MW 燃气锅炉，其内部收益率为 28.42%，4～5 年即可收回投资收益，远远短于一般燃气设备的使用寿命，具有良好的财务收益[①]。

为了使京津冀环保基金在使用方式的选择上更有针对性，可按照重点支持项目本身的环境效益与经济效益特性，将其划分为公益类、准公益类、盈利类三类。公益类指纯公益项目，具有环境效益明显、经济收益不明显的特点，如高排放车辆淘汰、重污染河流综合整治、土壤污染状况调查、重点防护林建设、矿山创面修复、尾矿库综合整治等；准公益类指环境效益明显，存在一定经济效益但回报低的特点，如燃煤电厂超低排放改造、散煤治理、重点行业脱硫脱硝除尘提标改造等；盈利类指环境效益与经济效益都明显的项目，如污水处理厂建设、垃圾处理、新能源产业发展、环保产品创新开发及环保设备推广等项目。

① 蓝虹. 大气污染治理的投融资机制研究[M]. 北京：中国金融出版社，2018。

7.3.4 京津冀生态环保基金使用方式

根据国内外相关基金设立经验以及京津冀环保项目的具体类别，京津冀环保基金在使用时应充分按照项目特点，分别考虑基金的使用形式。此外为了保证收益，纯公益类项目在京津冀生态环保基金总体投入的占比不应超过 10%，盈利类项目占比应高于 50%，准公益类项目占比保持在 30%～40%。

（1）纯公益类

对于纯公益类项目，基金可采取赠款或直接补贴等无偿资助的形式予以支持。例如淘汰小型燃煤锅炉、山体修复及尾矿库整治等项目。以锅炉淘汰为例，基金在使用时按照京津冀地区燃煤锅炉淘汰实施方案规定标准，以每蒸吨为单位给予相应的淘汰补贴，能够对现存资金缺口进行一定补充。

纯公益类项目往往投入周期较长，考虑其在项目总量中占比较高，仅依靠无偿资助不利于项目的长期实施及基金的可持续运作。低息贷款作为最为普遍的基金使用方式，可以为公益类项目提供有力支持。基金可委托商业银行或具有贷款业务资质的非银行金融机构，向相应项目提供低息贷款。对于工业污染治理项目，贷款的主要对象应优先选择经济实力不强、治污投资压力较大、难以从银行渠道贷款的中小企业，设定贷款额度不超过项目总投资额度的 50%，贷款期限不超过 5 年；对于生态退化区域修复等项目，贷款的主要对象为开展生态修复工程等项目的地方政府，设定贷款额度不超过总投资额度的 60%，贷款期限不超过 20 年①。贷款利率可依据中国人民银行发布的贷款基准利率水平，以低于当期贷款基准利率为原则，根据项目具体情况灵活设定。

（2）准公益类

对于准公益类项目，基金可以以融资担保形式为中小型企业、第三方治理公司等提供贷款担保。如煤改气、煤改电、燃煤电厂超低排放改造、有机废气密闭收集和深度治理等项目，基金与申请担保服务的中小企业签订贷款担保合同，明确担保方式、担保期限、担保额度、担保费率等事宜。基金为担保申请者提供连带责任保证，担保方式为全额担保和非全额担保两种，具体操作时，根据项目情况由基金与贷款银行根据受保企业资信等级、担保金额等情况协商确定。担保企业可选择向基金缴纳一定比例的保证金，或者提供相关抵押，抵押物可以是不动产（如建设用地使用权）或动产（如生产设备、原料和产品等）。

① 逯元堂. 设立环境保护基金，从政府投资变社会融资[R]. 重要环境决策参考，2014，10（18）。

准公益类项目同样可采取低息贷款的方式使用基金。例如环保技术升级项目，贷款的主要对象是提供环境污染治理服务且能够取得一定经济收益的企业，贷款额度不超过项目总投资额度的80%，贷款期限不超过15年①。关于贷款利率，可依据中国人民银行发布的贷款基准利率，以低于当期贷款基准利率为原则，根据具体项目灵活设定。

（3）盈利类

对于盈利类项目，基金可限定一定比例用于股权投资。例如新能源开发、环保设备推广等环保产业项目，为促进环保产业发展，股权投资对象可选择国内成长性较好、具有市场发展潜力的环保企业。基金在达到一定投资年限或约定投资条件（如一定的增值率、企业上市、未能实现预期盈利目标等）适时通过股权转让、其他股东回购以及清算等方式实施资金退出。

（4）组合类

在实际操作过程中，一个环境治理项目往往由多个子项目组合而成，可能三类项目都有所涉及。为在取得环境效益的同时保证基金收益，我们鼓励将三类项目进行组合，对组合类项目给予积极支持。例如厂区的污染土壤治理项目，既包括原有企业的关停、淘汰及搬迁，又涉及污染场地的实际修复，包括治理修复技术的研究和开发，部分规划还涵盖后期如生态公园建设等项目，其中涉及的具体项目经济收益各有不同，公益类、准公益类、盈利类都有所涵盖。对于此类项目，单一的基金使用方式显然无法为项目提供完善支持，应当根据各个子项目的实际情况，对基金进行多种方式并存的使用方式。以土壤污染治理修复项目为例，基金可以为污染场地的企业搬迁、污染治理等提供一定补贴；在污染治理项目进行过程中，对提供污染治理服务的技术公司进行股权投资，鼓励其开发及推广相应的治理技术；在修复场地的后期开发过程中，基金可以以低息贷款或融资担保等形式为项目开发主体提供资金支持。

① 参考《中国进出口银行节能环保贷款业务管理办法》设定。

8 京津冀生态环保基金运营管理

基金运营过程的计划、组织、实施和控制是由管理机构在一定的体制机制保障下完成的，因此基金的运营管理包括基金的组织机构设置以及管理体制机制。本章通过分析国内外环保基金的运营管理经验，从基金管理机构的组织体系、基金运营管理的决策机制和支持机制三个方面开展研究，结合京津冀生态环保基金的定位及特点，对基金的运营管理方案进行设计。

8.1 经验借鉴

由于环保基金本身具有较强的政府色彩，所以本节重点从政府型环保基金着手，对国内外环保基金的组织机构、基金运营管理决策机制和支持机制三方面进行分析和研究。

8.1.1 组织机构

从国内外经验来看，基金的管理主体根据基金的定位、性质不同而方式多样。政府型基金多由政府职能部门或者政府成立的基金管理委员会管理，抑或是由政府相关机构代表作为主要成员，成立基金理事会+基金管理中心、基金管理委员会对基金进行管理，对于旨在搭建平台引入社会资本的政府、市场混合型基金则可依托基金管理公司等管理基金。

政府职能部门或政府成立的机构管理基金。美国清洁水州周转基金由政府机构管理基金，各州设立自己的管理机构负责周转基金的具体运营和管理，比如佛罗里达州的清洁水州周转基金管理机构为环保部门，加利福尼亚州的管理机构为水资源控制管理委员会。中国台湾地区土壤及地下水污染整治基金采用政府成立机构管理基金的模式，依据法律形式对基金管理进行了明确规定，管理上授权台湾环保部门作为土壤及地下水污染整治基金的主管部门，环保部门内成立土壤及地下水污染整治基金管理委员会，负责基金的具体收支、保管和运用。

基金管理委员会、基金理事会+基金管理中心管理基金。一些政府征收税费建立的国内外基金通常设立基金管理委员会、基金理事会、基金管理中心作为基金的主管机构，对基金进行管理。主管机构的成员由政府相关部门代表组成，或者由政府相关部门负责任命、罢免这些机构的成员。

波兰国家环保与水管理基金由国家环保与水管理基金会进行管理，环保、自然资源与林业部对基金会进行监督，任命与罢免基金会的管理与监督委员会成员。加拿大可持续发展基金由 15 名来自加拿大公共部门、私营部门及学术机构的委员组成基金委员会对可持续发展基金进行管理。中国清洁发展机制基金设立由国家发展和改革委员会、财政部、外交部、科学技术部、生态环境部、农业部和中国气象局的代表组成的基金审核理事会，以及由财政部归口管理的基金管理中心，负责基金的管理工作。浦东新区环境、财政、科技、计划、审计等部门成员组成基金理事会，环境、财政部门成员组成环保基金管理办公室对浦东新区环境保护基金进行管理。

基金管理公司管理基金。旨在搭建平台引入社会资本的政府、市场混合型基金一般采取基金管理公司对基金进行管理。以财政投入为引导撬动社会资本投入的内蒙古自治区环保基金，母基金和子基金分别采用母基金管理公司、子基金管理公司对其进行管理。同样也是以政府资金为引导，面向社会吸纳资金的重庆环保产业股权投资基金，采用有限合伙方式，由重庆环保股权投资基金管理有限公司管理基金。

8.1.2 决策机制

在基金的运营管理过程中，需要成立强有力的领导决策机构，对基金的重要事项做出战略决定。从国内外经验来看，可以由基金理事会或者投资公司及基金管理公司对基金的重大事项做出决定。

基金理事会作为基金的决策机构。中国清洁发展机制基金设立了审核理事会作为清洁基金事务的部级议事机构，负责审核基金基本管理制度、基金发展战略规划、基金赠款项目和重大有偿使用项目的申请、基金年度财务收支预算与决算等重大业务事项。理事会由国家发展和改革委员会、财政部、外交部、科学技术部、生态环境部、农业部和中国气象局的代表组成，理事会设主席和副主席，分别由国家发展改革委和财政部派出代表履行职责。浦东新区环境保护基金成立理事会，负责审定环保基金管理办法及操作办法、年度使用计划和年度使用情况的报告等，对重要事项做出决定。理事会由环境、财政、科技、计划、审计等部门成员组成，由区政府分管领导担任理事长。

投资公司以及基金管理公司对基金重大事项做出决定。内蒙古环保投资公司由自治区国资委授权自治区环境保护厅作为业务主管部门，环保投资公司代表自治区人民政府履行出资人职责，对环保基金的投资方向和投资原则享有“一票否决权”。“环保母基金”注册基金管理公司，确立环保基金管理章程，内设合伙企业联席会、投资决策委员会、专家咨询委员会等议事决策及管理机构，主要职能是对基金投向、重点项目筛选、绩效评估等事宜进行审核和把关。

8.1.3 支持机制

除构建基金运营管理的组织机构、设立强有力的战略决策机构以外，从国内外环保基金运营管理的经验来看，环保基金还需要建立政府的监督引导机制、高效的日常管理机制、有力的咨询协商机制以及独立的资金监管机制，以确保基金运营管理的正常高效运转。

建立政府的监督引导机制。美国和加拿大的环保基金建立了严格规范的管理制度，政府在基金运营管理过程中充分发挥了监督和引导作用。美国清洁水州周转基金虽然由各州负责基金的具体运营和管理，但是美国国家环境保护局作为州周转基金最主要的联邦管理部门，负责对各州周转基金进行监督和引导。通过审批各州提交的使用计划、拨款申请、年度报告等对其州周转基金项目进行监督，并编写年度评估报告，通过制定导向性政策和控制预算比例来实现对各州周转基金投资方向的引导。美国国家环境保护局 10 个区域办公室通过检查、实地考察、采访、会议讨论等形式对辖区内各州的周转基金运营情况进行监督，包括审议其年度报告和审计报告。加拿大可持续发展技术基金由自然资源部和环境部共同合作对基金进行监管，由自然资源部部长直接向国会报告，对国会负责。部长每年都要向自然资源部提交年度报告、公司计划概要以及为每一个项目提供描述和履行信息的年度报告附录。

建立高效的日常管理机制。建立高效的基金日常管理机构是保证基金正常运营并获取环境效益、经济综合效益的基础。中国清洁发展机制基金和浦东新区环境保护基金分别设立基金管理中心以及基金管理办公室，中国清洁发展机制基金管理中心由财政部归口管理，浦东新区环境保护基金管理办公室由环境、财政部门成员组成。这两个基金日常管理机构主要负责基金的筹集、管理和使用，起草基金基本管理制度和基金具体运行的管理规定，组织开展基金的有偿使用和理财活动，监督管理基金所支持项目的运行，并向基金主管部门报告基金的重大业务事项。

建立有力的咨询协商制度。多数环保基金将环保技术专家、环境法律专家、专业管理人员等引入环保基金组织，作为咨询团队参与基金管理，有些基金还与相关部门建立了定期协商机制。中国台湾地区土壤及地下水污染整治基金管理委员会专家学者人数不得少于委员人数的2/3。加拿大可持续发展技术基金委员会的15名委员要求必须包括部分学术机构的委员。另外，加拿大可持续发展技术基金还建立了与相关部门的定期协商机制，自2003年以来，基金会定期与负责科技项目的部门碰面，就一些共同关心的问题作进一步探讨。

建立独立的资金监管机制。环保基金的资金监管有两种形式，有些是依靠政府财政机构对资金进行监管，也有些市场化模式管理的基金，考虑基金管理的专业性和特殊性，依托银行等金融机构对资金进行专业化管理与监督。由财政机构监管资金的这类基金通常需要编制收支预算决算，报财政审核、拨款。例如，浦东新区财政局设立环保基金账户，负责浦东新区环保基金的会计核算和财务管理。市场化模式管理的基金使用托管银行管理、监督资金，一方面托管银行负责资金的保管、划拨、回收及使用监管，另一方面通过托管银行对资金的全程跟踪封闭管理，可以规避一定的资金风险。已经完成使命的沈阳市环保基金的资金就是由环境局负责将财政局拨出的入库超标排污费中用于污染源治理的资金拨入受环境局委托的市环境保护投资公司，投资公司负责在银行开立“基金专户”，对资金进行监管。内蒙古自治区环保基金综合了国内基金运行的规则，在风险管控与退出工作方面通过托管银行封闭管理资金来规避风险，对政府投入的引导性资金，通过托管银行全程跟踪管理的方式，使资金在托管银行内封闭运转，只有完成社会资本融资后，方可从托管银行划拨资金到投资项目上。

8.2　京津冀生态环保基金运营管理设计

在充分借鉴国内外环保基金运营管理经验的基础上，本节结合京津冀生态环保基金的定位及性质，从总体考虑、组织机构、决策机制、支持机制四方面对基金的运营管理方案进行设计。

8.2.1　总体考虑

由国内外相关环保基金运营管理经验可见，生态环保基金需要设置战略决策机构和日常管理机构进行基金的运营管理。对于旨在搭建平台，吸引社会资本投入的政府、市场混合型基金，可以将管理机构设置为专业的基金管理公司。涉及财政资金投入的环保基金还需要充分发挥政府的监督引导作用，通过设立由相关政府职能部门代表组成的基金监督机构，完善监督引导机制。由于生态环保基金的专业性和特殊性，为了确保基金管理实现有效运转，需要建立相应的咨询评估机制，将环保技术专家、学者以及其他专业管理人员引入环保基金组织，作为咨询团队参与基金管理，并且可以与相关部门建立定期的协商机制。较之依靠财政机构监管资金的方式，采用市场化模式，即使用托管银行对资金进行管理和监督更具有优越性，因为一方面托管银行负责资金的保管、划拨、回收及使用监管，另一方面通过托管银行对资金的全程跟踪封闭管理，可以规避一定的资金风险。

8.2.2 组织机构

考虑京津冀生态环保基金是政府、市场混合型基金，母子基金模式运营，在基金运营管理的机构设置上，不仅要确保政府意愿得以充分体现，还应遵循市场原则。母基金设立京津冀生态环保基金管理中心，参照市场经济中的基金公司模式进行组建管理，政府机关不以行政手段干预基金管理中心的运营。管理中心可以由专业的金融机构负责组织筹备，作为非银行的政策性金融机构，依法享有企业法人资格，并取得金融经营权，属于自主经营、独立核算的经济实体。基金管理中心内部可以组建理事会作为基金的战略决策机构，并成立基金管理办公室负责基金的日常管理和运营。充分发挥政府的监督和引导作用，设置基金监事会，由相关政府部门代表组成基金的监督机构。子基金的管理可以借鉴内蒙古自治区环保基金的管理经验，由中标的专业化基金管理公司对子基金进行运营管理。据此，京津冀生态环保基金可以按照“政府引导、市场运作、科学决策、防范风险”的原则设立基金管理机构，机构框架如图 8-1 所示。

8.2.3 决策机制

设立理事会作为基金的议事决策机构。京津冀生态环保基金由中央及京、津、冀三地政府资金作为引导，撬动其他社会资本投入，基金在运营管理过程中重大事项的决策既要保证政府意愿得以实现，又要兼顾其他投资人的利益保障。另外，基金项目设计等问题直接关乎京、津、冀三地的环境质量改善，涉及三地的政务和民生。为此，在基金管理中心内部，可以成立由三地发展和改革委员会、财政厅（局）、环境厅（局）等相关部门代表、利益相关方代表、学者专家等人士组成的基金理事会，负责审核基金基本管理制度、基金发展战略规划、基金赠款项目和重大有偿使用项目的申请、基金年度财务收支预算与决算等重大业务事项。理事会聘请专家学者的人数不得少于成员总人数的 2/3，为

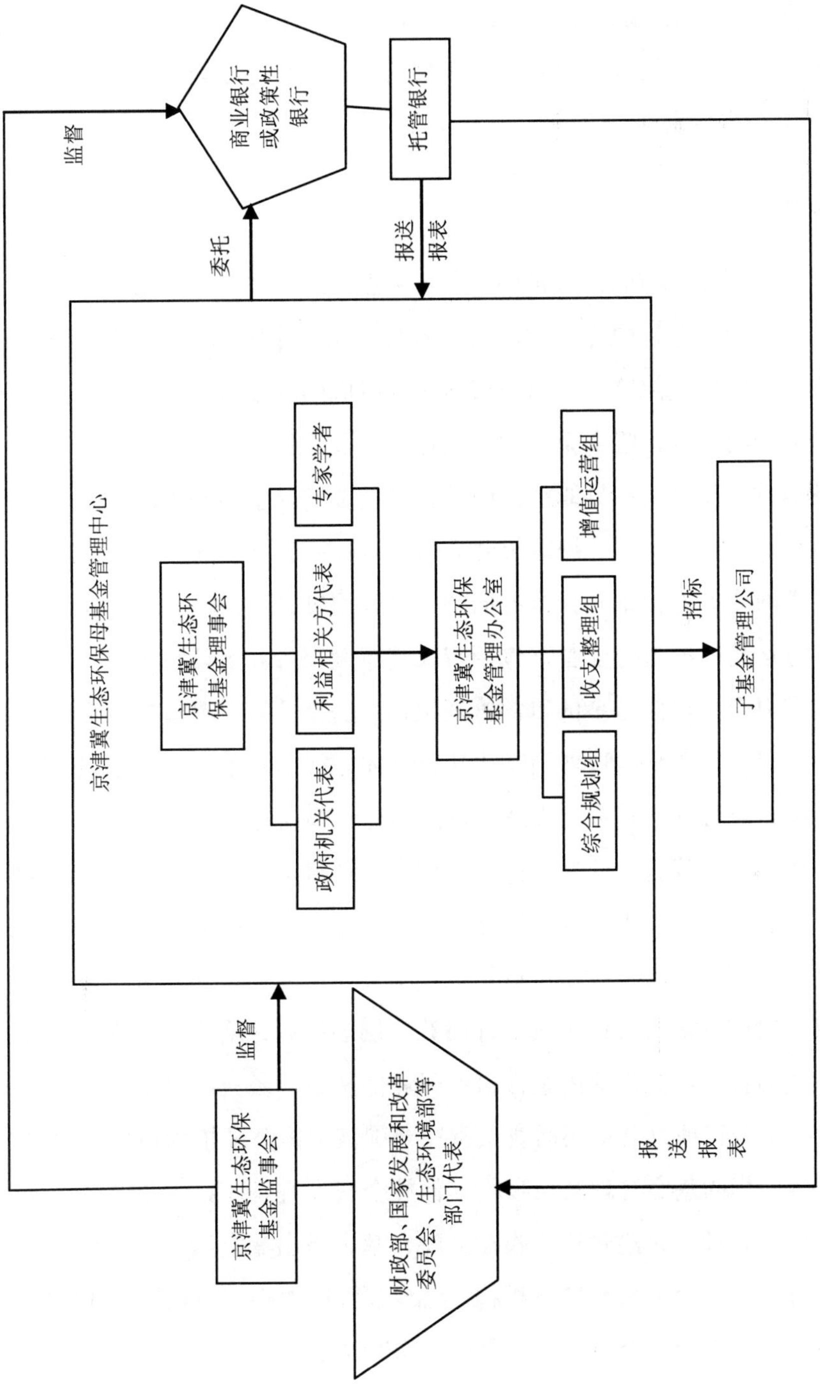

图 8-1 京津冀生态环保基金管理机构框架

生态环保基金的决策提供咨询意见，尤其是专家团队可以对申报的环境治理项目进行经济技术性分析，提供评估意见，以协助基金的项目设定。为了确保基金制度的公平性、合理性及正确性，理事会成员对基金重大事项的决议具有投票权，相关决议必须经审议会议出席成员半数同意才能获得通过。

8.2.4 支持机制

成立基金监事会作为基金的监督机构。考虑生态环保工作比较复杂，建议京津冀生态环保基金在基金运营管理过程中充分发挥政府的监督和引导作用，成立由财政部、国家发展和改革委员会、生态环境部等相关职能部门代表组成的基金监事会。监事会与基金管理中心实行行政企业职责分开，监事会不直接以行政手段干预基金管理中心的经营业务，但具备对基金管理运营的监督和指导职能。通过审核基金管理中心制订的基金使用计划、年度报告等对基金项目进行监督，并编写年度评估报告，通过制定导向性政策和控制政府资金投入比例来实现对生态环保基金投资方向的引导。通过检查、采访、会议讨论等形式对基金管理中心基金运营情况进行监督，包括审议其年度报告和审计报告。

成立基金管理办公室作为基金的日常管理机构。基金日常管理机构主要负责基金的筹集、管理和使用，起草基金基本管理制度和基金具体运行的管理规定，组织开展基金的有偿使用和理财活动，监督管理基金所支持项目的运行，并向基金理事会报告基金的重大业务事项。根据工作内容，基金管理办公室下设综合规划组、收支整理组和增值运营组，综合规划组负责在基金理事会重大决议下细化基金运营方案，审批贷款项目、贷款资金额度以及制定基金管理章程；收支整理组负责基金收支核算，测算收支平衡，提出贷款、发行债券和投资建议；增值运营组具体负责发行债券、偿还债券、增值投资等的运营。

另外，子基金的管理可以借鉴内蒙古自治区环保基金的经验，由专业化基金管理公司进行管理。因此，基金管理办公室还需要负责在全国范围内公开招标项目包相关专业的子基金管理公司，由中标的基金管理公司吸收其他社会资本进入，对治理项目包进行投资估算、私募资金、运营管理、风险管控、收益分配、基金退出等全过程管理。

委托托管银行作为基金的资金监管机构。由基金管理中心在商业银行或国家政策性银行设立基金账户。银行作为基金托管人，具体负责基金的保管。贷款项目经基金管理中心审批后，由银行与贷款企业签订贷款协议，并根据双方协议如数发放贷款，银行负责监督贷款使用及催收本息。同时，托管银行需要定期向基金管理中心和基金监事会报送贷款发放、回收报表。

9 促进京津冀生态环保基金设立的政策建议

京津冀协同发展已作为重要国家战略写入了政府工作报告，由于该地区正面临着严峻的生态环境问题，环保资金供需缺口大，现有专项资金对社会资本投入的引导力度非常有限，因此，设立京津冀生态环保基金是引导社会资本进入生态环保领域的趋势，是拓宽生态环保融资的有效渠道。根据本项目对京津冀环保基金方案的设计，为了推进京津冀生态环保基金的设立，必须从法律、资金、制度和技术等多方面提供保障，由政府、市场和公众等共同参与，本章从抓住有利时机尽快筹备、在大气污染治理领域开展试点、加强法律体系建设、加大政府财政资金的整合使用力度、鼓励社会各方加大环保投入、完善专业管理制度等方面提出了几点政策建议。

9.1 抓住有利时机尽快筹备，推动设立京津冀生态环保基金

目前，国家、社会公众和国际社会高度关注我国生态环保现状，同时中央也高度重视京津冀协同发展。京津冀应抓住这一时机，加大整合使用政府财政资金的力度，筹备设立京津冀生态环保基金，盘活投融资机制，吸引社会资本进入环保领域。考虑京津冀生态环保基金由中央和京、津、冀三地政府投入引导性资金，涉及中央和地方政府、财政、环境等多层级、多部门业务，需要完善中央和地方的上下级协调、部门间沟通以及三地同级政府间的协调机制。同时，建议尽快成立由国家发展和改革委员会、财政部、生态环境部牵头成立，由各利益相关方代表组建京津冀生态环保基金筹备小组，与现有的京津冀协同发展领导小组和专家咨询委员会建立沟通机制，组织实施基金设立，以及基金管理办法和章程制定等有关事宜。

9.2 重视京津冀生态环保基金推行的法律保障

我国目前对于环境保护基金乃至公益性基金的立法是分散的，并且多为国务院颁布的法规。公益基金制度体系在我国还没有形成，环保基金制度仍在探索中。要设立京津冀生态环保基金，不一定要制定一部专门的环境保护基金法，可以将环保基金制度规定在环境保护基本法或者单行法中，如荷兰的《环境管理法》中规定了空气污染基金；美国的《联邦水污染控制法》中建立了国家水污染控制周转基金。建议相关法律法规中明确规定环保基金的法律地位。除了确立环保基金明确的法律地位，有关部门还应出台生态环保基金管理条例、优先资助项目筛选指南、基金运营报告和审计管理办法等导向性政策和规范文件，实现对基金资金使用和投资方向的引导。

9.3 加大政府财政资金的整合使用力度

针对生态环保基金方案资金需求、使用方式和方案设计要求，对京津冀地区的现有中央和省级财政资金进行梳理，加大各项财政资金整合力度。一方面，针对京津冀地区环保投资历史欠账严重和治理污染压力不断增加的现实情况，进一步明确政府在污染防治和生态保护与修复方面的投资重点和方向，加大生态环境保护重点领域的投入力度，包括大气、水、重金属等危险废物的污染防治，重点污染物的污染减排，农村环境保护、生态环境保护等项目；另一方面，处理好生态环保基金与原有的生态环保专项资金的支出比例，重点加大中央和京、津、冀三地的大气污染防治财政资金的梳理，在原有的大气污染等财政专项资金统筹整合后划定一定比例，确保基金的政府引导性资金落实到位，形成政府财政资金市场化运作的资金基础。

9.4 利用优惠政策鼓励社会各方加大环境保护投入

尽管我国目前鼓励银行发展绿色金融，研究创新生态环境领域的金融服务产品，但是银行金融业对环保产业服务不足、社会资本投入积极性有待提高等仍然是现阶段存在的一大问题。为了充分发挥金融资本市场优势与杠杆效应，应该由政府引导，加大京津冀生态环保基金宣传力度，给予基金投资人一定的财税优惠，创造良好的外部政策环境，充分调动社会资本参与生态环保投资的积极性，促进多元化环境保护投融资渠道的形成，实现环境保护的长效投入，缓解中央财政的环保投入压力。

9.5 完善环境保护基金的专业管理制度

全球环境基金、德国联邦环境基金等基金均有专业化的管理组织和机构。制定和出台相关基金管理办法，规范基金的申请、发放、使用程序和流程。将生态环保技术专家、环境法律专家、机构专业管理人员引入京津冀生态环保基金组织，尤其是法定设立的基金组织管理机构，可在基金组织内建立各种环境污染防治、生态保护与修复技术咨询小组，对基金的募集、使用和维护等进行全过程管理，以完善的决策管理制度赢得投资者和参与各方的认可和支持，以合理的约束机制和公开透明的管理制度来保障资金的安全运行，以良好的专业素质和工作水平提供专业服务。另外，可以借鉴美国国家水污染控制周转基金的公众评议制度，即在基金使用过程中鼓励公众积极参与资金审计的评议，评议的途径可采用一般行政程序中的听证会或者建立公众意见反馈信息体系来获得公众的意见，并及时对意见答复，提高资金使用的透明度，提高投资者和使用人对生态环保基金的信任和基金会的社会公信力。

9.6 建立基金投资止损推迟机制

当对某一细分行业或对某一企业的投资（对单一公司的持股比例）达到基金30%左右时，要对投资收益情况进行评估，如收益存在不确定性，需要召开临时股东大会，决定是否需要追加投资。针对高风险项目，根据被投资企业的发展情况，采取分期投入的方式，投资过程中一旦发现问题，立即终止后续投资。投资项目由基金公司参照市场通行做法在适当时机退出，包括公开上市（IPO）、股权回购、股权转让、股转债等。当投资者确认企业失去了发展的可能或者经营困难，达不到预期的回报时，应果断清算公司予以退出。在存续期内如达到投资绩效和支持产业发展等目标，可考虑通过股权转让等退出。

9.7 在大气污染治理领域开展试点

考虑京津冀地区当前以大气污染治理为优先领域，京津冀生态环保基金可以率先在火电、钢铁等行业中选取大气脱硫、脱硝、除尘等成熟的治理项目，开展政府引导基金支持大气污染防治的试点工作，并及时总结试点经验，再逐步扩展水污染治理、土壤污染治理、生态修复与建设等领域。

附　录

关于构建绿色金融体系的指导意见

目前，我国正处于经济结构调整和发展方式转变的关键时期，对支持绿色产业和经济、社会可持续发展的绿色金融的需求不断扩大。为全面贯彻《中共中央　国务院关于加快推进生态文明建设的意见》和《生态文明体制改革总体方案》精神，坚持创新、协调、绿色、开放、共享的发展理念，落实政府工作报告部署，从经济可持续发展全局出发，建立健全绿色金融体系，发挥资本市场优化资源配置、服务实体经济的功能，支持和促进生态文明建设，经国务院同意，现提出以下意见。

一、构建绿色金融体系的重要意义

（一）绿色金融是指为支持环境改善、应对气候变化和资源节约高效利用的经济活动，即对环保、节能、清洁能源、绿色交通、绿色建筑等领域的项目投融资、项目运营、风险管理等所提供的金融服务。

（二）绿色金融体系是指通过绿色信贷、绿色债券、绿色股票指数和相关产品、绿色发展基金、绿色保险、碳金融等金融工具和相关政策支持经济向绿色化转型的制度安排。

（三）构建绿色金融体系主要目的是动员和激励更多社会资本投入到绿色产业，同时更有效地抑制污染性投资。构建绿色金融体系，不仅有助于加快我国经济向绿色化转型，支持生态文明建设，也有利于促进环保、新能源、节能等领域的技术进步，加快培育新的经济增长点，提升经济增长潜力。

（四）建立健全绿色金融体系，需要金融、财政、环保等政策和相关法律法规的配套支持，通过建立适当的激励和约束机制解决项目环境外部性问题。同时，也需要金融机构和金融市场加大创新力度，通过发展新的金融工具和服务手段，解决绿色投融资所面临的期限错配、信息不对称、产品和分析工具缺失等问题。

二、大力发展绿色信贷

（五）构建支持绿色信贷的政策体系。完善绿色信贷统计制度，加强绿色信贷实施情况监测评价。探索通过再贷款和建立专业化担保机制等措施支持绿色信贷发展。对于绿色信贷支持的项目，可按规定申请财政贴息支持。探索将绿色信贷纳入宏观审慎评估框架，并将绿色信贷实施情况关键指标评价结果、银行绿色评价结果作为重要参考，纳入相关指标体系，形成支持绿色信贷等绿色业务的激励机制和抑制高污染、高能耗和产能过剩行业贷款的约束机制。

（六）推动银行业自律组织逐步建立银行绿色评价机制。明确评价指标设计、评价工作的组织流程及评价结果的合理运用，通过银行绿色评价机制引导金融机构积极开展绿色金融业务，做好环境风险管理。对主要银行先行开展绿色信贷业绩评价，在取得经验的基础上，逐渐将绿色银行评价范围扩大至中小商业银行。

（七）推动绿色信贷资产证券化。在总结前期绿色信贷资产证券化业务试点经验的基础上，通过进一步扩大参与机构范围，规范绿色信贷基础资产遴选，探索高效、低成本抵质押权变更登记方式，提升绿色信贷资产证券化市场流动性，加强相关信息披露管理等举措，推动绿色信贷资产证券化业务常态化发展。

（八）研究明确贷款人环境法律责任。依据我国相关法律法规，借鉴环境法律责任相关国际经验，立足国情探索研究明确贷款人尽职免责要求和环境保护法律责任，适时提出相关立法建议。

（九）支持和引导银行等金融机构建立符合绿色企业和项目特点的信贷管理制度，优化授信审批流程，在风险可控的前提下对绿色企业和项目加大支持力度，坚决取消不合理收费，降低绿色信贷成本。

（十）支持银行和其他金融机构在开展信贷资产质量压力测试时，将环境和社会风险作为重要的影响因素，并在资产配置和内部定价中予以充分考虑。鼓励银行和其他金融机构对环境高风险领域的贷款和资产风险敞口进行评估，定量分析风险敞口在未来各种情景下对金融机构可能带来的信用和市场风险。

（十一）将企业环境违法违规信息等企业环境信息纳入金融信用信息基础数据库，建立企业环境信息的共享机制，为金融机构的贷款和投资决策提供依据。

三、推动证券市场支持绿色投资

（十二）完善绿色债券的相关规章制度，统一绿色债券界定标准。研究完善各类绿色债券发行的相关业务指引、自律性规则，明确发行绿色债券筹集的资金专门（或主要）用于绿色项目。加强部门间协调，建立和完善我国统一的绿色债券界定标准，明确发行绿色债券的信息披露要求和监管安排等。支持符合条件的机构发行绿色债券和相关产品，提高核准（备案）效率。

（十三）采取措施降低绿色债券的融资成本。支持地方和市场机构通过专业化的担保和增信机制支持绿色债券的发行，研究制定有助于降低绿色债券融资成本的其他措施。

（十四）研究探索绿色债券第三方评估和评级标准。规范第三方认证机构对绿色债券评估的质量要求。鼓励机构投资者在进行投资决策时参考绿色评估报告。鼓励信用评级机构在信用评级过程中专门评估发行人的绿色信用记录、募投项目绿色程度、环境成本对发行人及债项信用等级的影响，并在信用评级报告中进行单独披露。

（十五）积极支持符合条件的绿色企业上市融资和再融资。在符合发行上市相应法律法规、政策的前提下，积极支持符合条件的绿色企业按照法定程序发行上市。支持已上市绿色企业通过增发等方式进行再融资。

（十六）支持开发绿色债券指数、绿色股票指数以及相关产品。鼓励相关金融机构以绿色指数为基础开发公募、私募基金等绿色金融产品，满足投资者需要。

（十七）逐步建立和完善上市公司和发债企业强制性环境信息披露制度。对属于环境保护部门公布的重点排污单位的上市公司，研究制定并严格执行对主要污染物达标排放情况、企业环保设施建设和运行情况以及重大环境事件的具体信息披露要求。加大对伪造环境信息的上市公司和发债企业的惩罚力度。培育第三方专业机构为上市公司和发债企业提供环境信息披露服务的能力。鼓励第三方专业机构参与采集、研究和发布企业环境信息与分析报告。

（十八）引导各类机构投资者投资绿色金融产品。鼓励养老基金、保险资金等长期资金开展绿色投资，鼓励投资人发布绿色投资责任报告。提升机构投资者对所投资资产涉及的环境风险和碳排放的分析能力，就环境和气候因素对机构投资者（尤其是保险公司）的影响开展压力测试。

四、设立绿色发展基金，通过政府和社会资本合作（PPP）模式动员社会资本

（十九）支持设立各类绿色发展基金，实行市场化运作。中央财政整合现有节能环保等专项资金设立国家绿色发展基金，投资绿色产业，体现国家对绿色投资的引导和政策信号作用。鼓励有条件的地方政府和社会资本共同发起区域性绿色发展基金，支持地方绿色产业发展。支持社会资本和国际资本设立各类民间绿色投资基金。政府出资的绿色发展基金要在确保执行国家绿色发展战略及政策的前提下，按照市场化方式进行投资管理。

（二十）地方政府可通过放宽市场准入、完善公共服务定价、实施特许经营模式、落实财税和土地政策等措施，完善收益和成本风险共担机制，支持绿色发展基金所投资的项目。

（二十一）支持在绿色产业中引入 PPP 模式，鼓励将节能减排降碳、环保和其他绿色项目与各种相关高收益项目打捆，建立公共物品性质的绿色服务收费机制。推动完善绿色项目 PPP 相关法规规章，鼓励各地在总结现有 PPP 项目经验的基础上，出台更加具有操作性的实施细则。鼓励各类绿色发展基金支持以 PPP 模式操作的相关项目。

五、发展绿色保险

（二十二）在环境高风险领域建立环境污染强制责任保险制度。按程序推动编制修订环境污染强制责任保险相关法律或行政法规，由环境保护部门会同保险监管机构发布实施性规章。选择环境风险较高、环境污染事件较为集中的领域，将相关企业纳入应当投保环境污染强制责任保险的范围。鼓励保险机构发挥在环境风险防范方面的积极作用，对企业开展"环保体检"，并将发现的环境风险隐患通报环境保护部门，为加强环境风险监督提供支持。完善环境损害鉴定评估程序和技术规范，指导保险公司加快定损和理赔进度，及时救济污染受害者、降低对环境的损害程度。

（二十三）鼓励和支持保险机构创新绿色保险产品和服务。建立完善与气候变化相关的巨灾保险制度。鼓励保险机构研发环保技术装备保险、针对低碳环保类消费品的产品质量安全责任保险、船舶污染损害责任保险、森林保险和农牧业灾害保险等产品。积极推动保险机构参与养殖业环境污染风险管理，建立农业保险理赔与病死牲畜无害化处理联动机制。

（二十四）鼓励和支持保险机构参与环境风险治理体系建设。鼓励保险机构充分发挥防灾减灾功能，积极利用互联网等先进技术，研究建立面向环境污染责任保险投保主体的环境风险监控和预警机制，实时开展风险监测，定期开展风险评估，及时提示风险隐患，高效开展保险理赔。鼓励保险机构充分发挥风险管理专业优势，开展面向企业和社会公众的环境风险管理知识普及工作。

六、完善环境权益交易市场、丰富融资工具

（二十五）发展各类碳金融产品。促进建立全国统一的碳排放权交易市场和有国际影响力的碳定价中心。有序发展碳远期、碳掉期、碳期权、碳租赁、碳债券、碳资产证券化和碳基金等碳金融产品和衍生工具，探索研究碳排放权期货交易。

（二十六）推动建立排污权、节能量（用能权）、水权等环境权益交易市场。在重点流域和大气污染防治重点领域，合理推进跨行政区域排污权交易，扩大排污权有偿使用和交易试点。加强排污权交易制度建设和政策创新，制定完善排污权核定和市场化价格形成机制，推动建立区域性及全国性排污权交易市场。建立和完善节能量（用能权）、水权交易市场。

（二十七）发展基于碳排放权、排污权、节能量（用能权）等各类环境权益的融资工具，拓宽企业绿色融资渠道。在总结现有试点地区银行开展环境权益抵质押融资经验的基础上，确定抵质押物价值测算方法及抵质押率参考范围，完善市场化的环境权益定价机制，建立高效的抵质押登记及公示系统，探索环境权益回购等模式解决抵质押物处置问题，推动环境权益及其未来收益权切实成为合格抵质押物，进一步降低环境权益抵质押物业务办理的合规风险。发展环境权益回购、保理、托管等金融产品。

七、支持地方发展绿色金融

（二十八）探索通过再贷款、宏观审慎评估框架、资本市场融资工具等支持地方发展绿色金融。鼓励和支持有条件的地方通过专业化绿色担保机制、设立绿色发展基金等手段撬动更多的社会资本投资于绿色产业。支持地方充分利用绿色债券市场为中长期、有稳定现金流的绿色项目提供融资。支持地方将环境效益显著的项目纳入绿色项目库，并在全国性的资产交易中心挂牌，为利用多种渠道融资提供条件。支持国际金融机构和外资机构与地方合作，开展绿色投资。

八、推动开展绿色金融国际合作

（二十九）广泛开展绿色金融领域的国际合作。继续在二十国集团框架下推动全球形成共同发展绿色金融的理念，推广与绿色信贷和绿色投资相关的自愿准则和其他绿色金融领域的最佳经验，促进绿色金融领域的能力建设。通过“一带一路”战略，上海合作组织、中国—东盟等区域合作机制和南南合作，以及亚洲基础设施投资银行和金砖国家新开发银行撬动民间绿色投资的作用，推动区域性绿色金融国际合作，支持相关国家的绿色投资。

（三十）积极稳妥推动绿色证券市场双向开放。支持我国金融机构和企业到境外发行绿色债券。充分利用双边和多边合作机制，引导国际资金投资我国的绿色债券、绿色股票和其他绿色金融资产。鼓励设立合资绿色发展基金。支持国际金融组织和跨国公司在境内发行绿色债券、开展绿色投资。

（三十一）推动提升对外投资绿色水平。鼓励和支持我国金融机构、非金融企业和我国参与的多边开发性机构在“一带一路”和其他对外投资项目中加强环境风险管理，提高环境信息披露水平，使用绿色债券等绿色融资工具筹集资金，开展绿色供应链管理，探索使用环境污染责任保险等工具进行环境风险管理。

九、防范金融风险，强化组织落实

（三十二）完善与绿色金融相关监管机制，有效防范金融风险。加强对绿色金融业务和产品的监管协调，综合运用宏观审慎与微观审慎监管工具，统一和完善有关监管规则和标准，强化对信息披露的要求，有效防范绿色信贷和绿色债券的违约风险，充分发挥股权融资作用，防止出现绿色项目杠杆率过高、资本空转和“洗绿”等问题，守住不发生系统性金融风险底线。

（三十三）相关部门要加强协作、形成合力，共同推动绿色金融发展。中国人民银行、财政部、国家发展和改革委员会、环境保护部、银监会、证监会、保监会等部门应当密切关注绿色金融业务发展及相关风险，对激励和监管政策进行跟踪评估，适时调整完善。加强金融信息基础设施建设，推动信息和统计数据共享，建立健全相关分析预警机制，强化对绿色金融资金运用的监督和评估。

（三十四）各地区要从当地实际出发，以解决突出的生态环境问题为重点，积极探索和推动绿色金融发展。地方政府要做好绿色金融发展规划、明确分工，将推动绿色金融发展纳入年度工作责任目标。提升绿色金融业务能力，加大人才培养引进力度。

（三十五）加大对绿色金融的宣传力度。积极宣传绿色金融领域的优秀案例和业绩突出的金融机构和绿色企业，推动形成发展绿色金融的广泛共识。在全社会进一步普及环保意识，倡导绿色消费，形成共建生态文明、支持绿色金融发展的良好氛围。

中国人民银行　财政部　国家发展和改革委员会

环境保护部　银监会　证监会　保监会

2016 年 8 月 31 日

参考文献

[1] United Stated Environmental Protection Agency. SRF fund management handbook [R]. Office of Water，2001，4.

[2] 杜昀轩，姚瑞华，赵越. 国外环境保护基金的经验分析及启示[J]. 环境保护，2014，42（16）：72-73.

[3] 谷庆宝，颜增光，周友亚，等. 美国超级基金制度及其污染场地环境管理[J]. 环境科学研究，2007（5）：84-88.

[4] 黄毅军. 发起设立节能环保基金的实践与思考[J]. 现代经济信息，2013（16）：45.

[5] 加利福利亚. 加利福尼亚州空气质量达标基金[EB/OL]. https：//www.arb.ca.gov/msprog/ moyer/moyer.htm.

[6] 江河. 关于设立政策性环保产业投资基金的思考[J]. 环境保护，2016，44（21）：45-47.

[7] 蓝虹，刘朝晖. PPP 创新模式：PPP 环保产业基金[J]. 环境保护，2015，43（2）：38-43.

[8] 蓝虹，任子平. 建构以 PPP 环保产业基金为基础的绿色金融创新体系[J]. 环境保护，2015，43（8）：27-32.

[9] 李建强，张淑翠. PPP 模式的环保产业基金[J]. 中国金融，2015（20）：46-47.

[10] 李剑. 创新投融资方式破解环保投入不足的困境[J]. 环境经济，2016（Z3）：34-37.

[11] 刘江帆，薛雄志. 政府环保类引导基金的运行管理模式研究[J].中国环境管理，2017，9（5）：47-51.

[12] 逯元堂，陈鹏，高军，等. 中国环境保护基金构建思路探讨[J]. 环境保护，2016，44（19）：27-30.

[13] 逯元堂，吴舜泽，陈鹏. 环境保护基金特征及构建思路研究[J]. 生态经济，2015，31（9）：191-193.

[14] 欧培彬，姜玮. 设立环保产业基金的探索与研究[J]. 企业经济，2006（2）：8-11.

[15] 王海峰. 重庆市环保产业股权投资基金的探索与设立[J]. 环境保护，2015，43（6）：65-67.

[16] 吴钢，徐鸿. 中国设立火电环保产业投资基金的可行性[J]. 中国电力，2011，44（12）：60-63.

[17] 吴舜泽，逯元堂，陈鹏，等. 环境保护基金方案和运作机制研究[R]. 重要决策参考，2014，10（18）.

[18] 张娟. 设立辽宁省环保产业发展基金的构想及其意义[J]. 环境保护与循环经济，2014，34（6）：67-68.